Hermann Scherer

Ganz einfach verkaufen

Die 12 Phasen
des professionellen Verkaufsgesprächs

Hermann Scherer

Ganz einfach verkaufen

Die 12 Phasen des professionellen Verkaufsgesprächs

Bibliografische Information Der Deutschen Bibliothek

Die Deutsche Bibliothek verzeichnet diese Publikation in der
Deutschen Nationalbibliografie; detaillierte bibliografische
Informationen sind im Internet über http://dnb.ddb.de abrufbar.

ISBN 3-89749-341-1

Lektorat: Dr. Sonja Klug, Bad Honnef
Umschlaggestaltung: +malsy Kommunikation und Gestaltung, Bremen
Umschlagfoto: zefa visual media, Hamburg
Satz: Lohse Design, Büttelborn
Druck: Salzland Druck, Staßfurt

www.gabal-verlag.de – More success for you!

Inhalt

Vorwort: Verkaufen als Königsdisziplin

Als guter Verkäufer führen Sie nicht nur Verkaufsgespräche – vielmehr führen Sie Menschen und Sie führen Ihre Kunden zur Erfüllung ihrer Träume. Sie sind nicht länger nur Verkäufer, der seine Ware an den Mann oder die Frau bringen will, sondern Sie sind Dienstleister, Problemlöser und Helfer in der Not. Sie stehen für alles, was dem Menschen Freude bringt, ihn Aufgaben leichter lösen lässt, ihn seinen Wünschen näher bringt.

König für andere Könige sein …

Sie sind in der Königsdisziplin tätig: im Verkauf. Fühlen Sie sich wie ein König, der anderen Königen – Ihren Kunden – die frohe Botschaft verkündet, und Sie werden gemeinsam Erfolge feiern, alle Schlachten des täglichen Lebens gewinnen und am Ende auch noch die Prinzessin bekommen …

… und die Prinzessin bekommen

STOPP – genug mit diesem Märchen! Bevor Sie die Prinzessin bekommen, werden Sie sich „todesmutig" in den täglichen Verkaufskampf stürzen, an viele Türen klopfen, viele Herausforderungen auf sich nehmen und sich mancherlei Prüfungen unterziehen – bis Sie schließlich die Kunst des Verkaufens beherrschen. Auf diesem Weg wird Sie dieses Buch begleiten. Es ist als Einsteigerbuch für alle gedacht, die als Verkäufer am Anfang ihrer Berufslaufbahn stehen oder die sich bisher nicht mit dem Verkaufen als notwendigen Bestandteil jedes Geschäfts anfreunden konnten. Das Buch will Ihnen Anregungen und Hilfestellungen geben.

Viel Spaß also für Sie, den neuen König des Verkaufs!

Ihr Hermann Scherer

Ein Hinweis zum Sprachgebrauch des Buches

Ich spreche selbstverständlich in gleicher Weise Sie, den Herrn im Verkauf, und Sie, die Dame im Verkauf, an. Um der flüssigen Lesbarkeit der Texte willen steht stellvertretend für beide die grammatikalisch männliche Form, die ohnehin häufig als allgemeiner Überbegriff verwendet wird. Dasselbe gilt für „den Kunden"/„die Kundin". – Eine herzliche Bitte an Sie, liebe Leserinnen: Fühlen Sie sich jederzeit angesprochen und eingeschlossen!

Einführung

Persönlicher Erfolg und Unternehmenserfolg hängen – neben Ihrer Fachkompetenz, Ihren Ideen, Produkten und Dienstleistungen – ganz entscheidend davon ab, ob Sie andere überzeugen und begeistern können. Leistung ist wie ein Konsumprodukt, sie muss nicht nur erbracht, sondern auch professionell vermarktet werden. Qualität allein reicht in Zukunft nicht mehr aus, um im Wettbewerb um Karriere oder Kundengunst die Nase vorn zu haben. Dies gilt in keiner Disziplin mehr als im Verkauf.

Qualität genügt nicht

Die Anforderungen an einen erfolgreichen Verkäufer werden immer höher. Der Verkaufsprofi muss, um auch in Zukunft erfolgreich zu agieren, viele Fähigkeiten in sich vereinigen:

Fähigkeiten des Verkäufers

- Er denkt vorausschauend, d. h., er ist mit vorherrschenden Trends im Markt vertraut.
- Er ist beziehungsorientiert, kann also mit Menschen umgehen und langfristige Geschäftsbeziehungen entwickeln.
- Und er ist dienstleistungsbewusst, trägt also zu hochwertigem Service bei.

Der zukunftsorientierte Verkäufer tritt unterstützend bei komplexen Entscheidungsprozessen auf, kann Zusatzwerte vermitteln und liefert seinen Kunden bei Bedarf aktuelle technische Erklärungen auf einer Ebene, die auch der Nicht-Fachmann verstehen kann.

Führungsfähigkeit gehört ebenso wie Teamfähigkeit zu seinen Eigenschaften. Der Verkaufsprofi praktiziert effektive

Menschenführung und setzt die Stärken des gesamten Verkaufsteams zur Befriedigung der Kundenwünsche ein.

> Stellen Sie sich bitte folgende Fragen: Was bedeuten diese Aussagen für mich und mein verkäuferisches Vorgehen? Welche Eigenschaften besitze ich und in welchen Bereichen habe ich noch Handlungsbedarf?

Eines ist klar: Wir verkaufen uns immer und überall. Der Verkäufermarkt wandelt sich immer mehr zu einem Verdrängungsmarkt, und dort gelten neue Spielregeln.

Die Poleposition – im Leben wie im Markt – haben Sie immer dann inne, wenn Sie sich als Sympathieträger oder Topunternehmen positionieren, als Mensch oder Marke, die andere begeistert. Dann sehen Sie die Chance im Verkauf und nicht länger nur das „Klinkenputzen".

Das Problem liegt vor dem Abschluss

Bevor wir die Phasen eines erfolgreichen Verkaufsgesprächs im Detail durchgehen, noch eine entscheidende Überlegung: Jeder Verkäufer – ob gut oder schlecht – stellt bei einem Verkauf irgendwann die Abschlussfrage. Sagt der Kunde Nein, so schließt der Verkäufer daraus, dass seine Abschlussfrage nicht gut genug war – was nur selten zutrifft. Trotzdem trainiert er bessere Abschlussmöglichkeiten, bessere Abschlussfragen und vergisst dabei Folgendes: Meist ist das Problem, wenn es nicht zum Abschluss kommt, lange vorher zu suchen.

Die Phasen des Verkaufsgesprächs prüfen

Will der Verkäufer wissen, warum die Abschlussfrage gescheitert und es zu keinem Verkauf gekommen ist, muss er die einzelnen Phasen des Verkaufsgesprächs abchecken: Was ging vorher schief, so dass es zu keinem Verkauf kam? Passte das Produkt nicht? Gab es Einwände, die der Verkäufer nicht beantwortet hat? Konnte keine persönliche Beziehung zum Käufer aufgebaut werden? Oder hat es der Verkäufer sogar versäumt, den Kundenwunsch genau zu analysieren und ein dementsprechendes Angebot zu unterbreiten? Die Auswahl an Gründen ist groß, und meist ist nicht nur ein Punkt schief gegangen.

Anhand dieses Buches haben Sie die Möglichkeit, ein Verkaufsgespräch in zwölf Phasen chronologisch durchzugehen, um anschließend in *allen* Bereichen erfolgreicher und effektiver zu arbeiten. Sie werden merken, dass Sie schon sehr vieles wissen, es manchmal jedoch noch an der Umsetzung hapert, oder dass Sie vieles schon unbewusst anwenden und dadurch auch in Ihrem Leben und im Verkauf schon viel erreicht haben. **In allen Phasen erfolgreicher werden**

Können Sie sich vorstellen, was passiert, wenn Sie dieses Wissen nun ausbauen und ganz bewusst anwenden? Nein? Sie werden es selbst erleben! Plötzlich öffnen sich Ihnen Türen, die bislang verschlossen blieben. Plötzlich geht Ihnen manches leichter von der Hand, und Sie merken, dass Verkauf nicht nur bedeutet, einem anderen etwas zu verkaufen, sondern ihm auch seine Wünsche zu erfüllen.

Überlegen Sie, bevor Sie im Detail einsteigen, was Sie sich persönlich von diesem Buch erhoffen. Welche Ziele legen Sie für sich persönlich fest? Was wollen Sie nach der Lektüre dieses Buches wissen? Und was wollen Sie nach der Arbeit mit diesem Buch besser können? Markieren Sie genau die Punkte, bei denen Sie persönlich in Ihrer Entwicklung weiterkommen möchten, und ergänzen Sie diese Liste noch um einen ganz eigenen und für Sie entscheidenden Schritt. **Erwartungen an dieses Buch**

Checkliste

Ich möchte:

☐ meine allgemeinen Verkaufskenntnisse überprüfen und vertiefen
☐ wirkungsvolle Verkaufsstrategien entwickeln
☐ im Team effektiv arbeiten
☐ den Kunden zum Partner machen
☐ das Verkaufsgespräch sinnvoll vorbereiten
☐ ein positives Klima im Gespräch erzeugen
☐ Kundenwünsche treffsicher analysieren
☐ Kundenmotive erkennen und berücksichtigen
☐ Lösungen wirkungsvoll präsentieren
☐ überzeugend auftreten
☐ Abschlüsse zum Nutzen des Kunden und des eigenen Unternehmens herbeiführen
☐ Verkaufswiderstände verringern
☐ Einwände vorwegnehmen oder wirkungsvoll und positiv behandeln
☐ den Kunden auch ohne Preisnachlass zufrieden stellen
☐ den Preis optimal verhandeln

☐ Ihr ganz persönlicher Punkt: Ich möchte insbesondere

_____

_____

Markt im Wandel Der Markt hat sich verändert, und er steht niemals still. Nur wenn Sie sich diese Tatsache vor Augen halten, werden Sie erfolgreich handeln. Wer sich als Verkäufer immer noch in Zeiten des Verkäufermarktes (mit Nachfrageüberschuss, Produktorientierung und Verteilerfunktion) oder des Käufermarktes (mit Angebotsüberschuss und Marktorientierung) wähnt, lebt wohl mehr schlecht als recht. Längst hat der Verdrängungswettbewerb Einzug gehalten.

Der wirklich erfolgreiche Verkäufer hat sich der neuen Situation längst angepasst und hat Spaß in einem Wettbewerbsmarkt mit seinen ganz speziellen Herausforderungen.

Schnell, flexibel und nutzenorientiert bietet er dem Kunden genau das, was er braucht, in einem unverwechselbaren Gespräch, mit einem Service, der überrascht, und einem Geschäftskontakt, der seinesgleichen sucht.

> An dieser Stelle bitte ich Sie als Verkäufer, sich einmal Gedanken über Ihre bisherigen Verkaufserfahrungen zu machen und sich auch zu erinnern, welche positiven und negativen Erlebnisse Sie in der Rolle als Kunde hatten: Was hat sich bewährt? Was hat nicht funktioniert? Was ist ausbaufähig? Was ist nachahmenswert?

Der Verkauf als Prozess

Verkaufen ist kein punktuelles Ereignis, sondern ein Prozess. Wer als Verkäufer diese Tatsache nicht berücksichtigt, wird sich schwer tun. Wer als Verkäufer ausschließlich den Abschluss im Auge hat, verkennt, dass schon zu einem viel früheren Zeitpunkt die Weichen für den Erfolg gestellt werden.

Die einzelnen Phasen des Verkaufsprozesses im Überblick:

Die 12 Phasen des Verkaufsprozesses

- Die Vorbereitung
- Die Eigenmotivation
- Die Begrüßung

- Der Gesprächseinstieg
- Die Bedarfsanalyse
- Die Präsentation
- Die Einwandbehandlung
- Die Preisverhandlung
- Die Kaufbereitschaft herbeiführen
- Der Abschluss
- Die Verabschiedung
- Die Nachbereitung

**Verdrängungs-
wettbewerb statt
(Ver-)Käufermarkt**

In einer Zeit, in der sich der Verkäufermarkt zum Verdrängungswettbewerb gewandelt hat – mit immer gleichwertigeren Produkten und Dienstleistungen zu beinahe gleichen Preisen –, ist auch die Stellung des Verkäufers um einiges komplexer und auch komplizierter geworden.

> **Der Kunde hat heute eine fast grenzenlose Auswahl zwischen nahezu identischen Produkten unterschiedlicher Anbieter.**

Umso wichtiger ist der enge persönliche Kontakt zwischen Verkäufer und Käufer, damit auch in schwierigen Zeiten mit steigendem Konkurrenzdruck der Käufer lieber zu seinem vertrauten Verkäufer geht, mit dem er schon über Jahre hinweg gute Geschäfte gemacht hat, als zu einem neuen Anbieter. Es lohnt sich also, diese Beziehung sorgsam aufzubauen und einen engen Kontakt zu pflegen. Im Verkauf gibt es immer ein Miteinander und nur, wenn die Geschäfte, die Sie abschließen, für beide Seiten lohnend sind, bleiben Ihnen die Kunden treu.

Verkaufen ist kein isoliertes Ereignis, sondern ein Prozess, und zwar deswegen, weil das Kundengespräch nicht erst beginnt, wenn der Kunde auf Sie zugeht, Ihnen Fragen zum

Produkt stellt und Ihnen einen Kauf in Aussicht stellt, sondern schon viel, viel früher.

Nachhaltiger Erfolg im Verkauf ist Ihnen nur dann sicher, wenn Sie der Prozesshaftigkeit des gesamten Verkaufsvorgangs Rechnung tragen, indem Sie kundenorientiert agieren, und zwar von der effektiven Vorbereitung bis hin zum außergewöhnlichen *After-Sales-Service*.

1. Vorbereitung

Reisevorbereitung Die Vorbereitung ist beim Verkaufsgespräch wie auch in anderen Lebensbereichen das A und O. Stellen Sie sich einmal vor, Sie möchten eine größere Reise unternehmen. Vier Wochen Amerika sind angesagt. Dann setzen Sie sich gewiss nicht an einem x-beliebigen Tag in irgendein Flugzeug und hoffen, dass Sie schon am richtigen Ort landen und irgendwo ein Bett zum Schlafen finden werden. Nein, Sie werden schon Wochen oder gar Monate vorher mit den Vorbereitungen beginnen. Sie besorgen sich Kataloge, suchen sich ein Wunschziel – Amerika ist groß – aus, überlegen, wann Sie von welchem Flughafen losfliegen wollen, entscheiden, ob Sie im Voraus Mietwagen und Hotelaufenthalte buchen oder lieber mit einem Wohnmobil das Land entdecken wollen usw.

Vorbereitung erhöht den Erfolg Und ausgerechnet im Verkauf denken manche, sie bräuchten einfach nur an einer Tür zu klingeln oder telefonisch einen Termin zu vereinbaren, und schon würde sich die Ware oder die Dienstleistung von alleine verkaufen. Selbst einige „alte Hasen" im Verkauf glauben: „Das ging doch bislang ganz gut ohne Vorbereitung, warum soll ich mir also jetzt plötzlich Gedanken darüber machen?" Ja, warum eigentlich?

> Durch Vorbereitung können Sie nicht zufällig, sondern sehr gezielt viel erfolgreicher werden.

Aber Vorsicht: Wenn Sie wirklich die entscheidenden Schritte tun und sich ab sofort gründlich auf das Verkaufen vorbereiten, könnte es sein, dass Sie sich demnächst vor Aufträgen

nicht mehr retten können! Bis dahin gibt es allerdings noch
einiges zu tun. Bleiben wir erst mal auf dem Boden und betrachten die ganze Sache realistisch. Von Fantastereien haben
weder Sie noch Ihre Kunden etwas.

**Beim Vorbereiten auf das Verkaufsgespräch gilt es für den
Verkäufer, sich zunächst ein umfassendes und genaues Bild
vom Kunden, seinem Unternehmen, dem Markt und dem
Wettbewerb zu verschaffen.**

Zweckdienlich ist zudem eine Abstimmung mit dem eigenen
Verkaufsteam: Wer beantwortet und verantwortet was? Wer
steht für wichtige Fragen im Büro zur Verfügung?

Zu einer effektiven Vorbereitung gehört es auch, ein Ziel für   **Ziele definieren**
die Verhandlung, das Gespräch, den Besuch zu definieren.
Nach dem angestrebten Ziel richtet sich die Strategie. Bewährt hat es sich, hier Alternativen einzuplanen, also mehrere Strategien für das Kundengespräch zu entwickeln.

Besonders intensive Gedanken sollten Sie sich in der Vorbereitungsphase über den Kundennutzen machen. Worin
liegt der Nutzen für den Kunden? Wie kann er kommuniziert
werden? Wie wird er für den Kunden greifbar?

Zu einer umfassenden Vorbereitung gehört selbstverständ-   **Kundennutzen**
lich nicht zuletzt der persönliche Bereich: Der Verkäufer
muss also nicht nur Unterlagen, Angebote, Schriftverkehr,
Modelle, Modellberechnungen, Tests, Referenzunterlagen
und eventuell ein Gastgeschenk verfügbar haben, sondern
auch sich selbst professionell vorbereiten. Diese Vorbereitung auf das Gespräch erstreckt sich auf Ernährung, Körperpflege, Kleidung und Etikette. Ebenso wollen die Fahrtroute
und die zeitliche Planung durchdacht sein.

Fragen

▓ Was ist für Ihre persönliche Vorbereitung besonders wichtig?

▓ Welche(n) der oben genannten Punkte haben Sie bislang bereits befolgt?

▓ Welche(n) der Punkte haben Sie bis heute (vielleicht sogar vollkommen) vernachlässigt?

Betrachten wir im Folgenden gemeinsam die wichtigsten Schritte bei der Vorbereitung auf ein Verkaufsgespräch, so dass Sie Ihre Rolle perfekt ausfüllen können und den Mitbewerbern dadurch meilenweit voraus sind.

Informationsbeschaffung

Als erfolgreicher Verkäufer sind Sie auf das Verkaufsgespräch bereits vorbereitet, bevor der Kunde in Sichtnähe ist. Stellen Sie sich folgende Fragen:

▓ Habe ich ein realistisches Bild vom Kunden?

▓ Wie gut kenne ich ihn?

▓ Was weiß ich von ihm, seinem Beruf, seinen Hobbys, seinem privaten Umfeld und seiner aktuellen Lebenssituation?

Es wäre zum Beispiel denkbar schlecht, dem Kunden einen Blumenstrauß als Geschenk für seine Frau mitzubringen, weil man nicht weiß, dass sie vor kurzem verstorben ist.

Die bisherige Zusammenarbeit werten Der erfolgreiche Verkäufer wird die Ist-Situation in der Beziehung zu seinem Kunden, also die bisherige Zusammenarbeit, aus- und bewerten. Beantworten Sie für sich folgende Fragen:

- Mit wem habe ich in den bisherigen Gesprächen verhandelt?
- Wo sitzen die Entscheider?
- Wie entwickelt sich die Kundensituation aktuell?
- Welche Ziele verfolgt mein Kunde?

Er wird den Markt, insbesondere den Wettbewerb, und das **Recherche-** Kundenunternehmen intensiv kennen lernen und analysie- **möglichkeiten** ren. Recherchemöglichkeiten bietet neben interessanten Zeitschriften (allgemeine Wirtschaftsmagazine sowie Fachzeitschriften aus der jeweiligen Branche) auch verfügbares Info-Material über das Unternehmen selbst.

Gedruckte Broschüren und Kundenzeitschriften, sofern vorhanden, sind ebenso hilfreich wie die Homepage im Internet. Überhaupt ist das Internet eine hervorragende Quelle für schnelle Informationen zur betreffenden Branche und den relevanten Themen.

Grundsätzlich gilt: Je mehr Informationen Sie zur Branche, zum jeweiligen Unternehmen und Ihrem Ansprechpartner ausfindig machen können, umso besser. Betätigen Sie sich doch als Detektiv und recherchieren Sie, „was das Zeug hält"!

Wenn Sie ein Verkäufer sind, der ein realistisches Bild vom Kunden hat, seinen Markt, seine direkte Konkurrenz, die bisherige Zusammenarbeit, die Entscheider, seine Partner und die aktuelle Kundensituation kennt, sind Sie gegenüber Ihren Wettbewerbern im Vorteil. Der Kunde wird sich bei Ihnen, da Sie genau über alle oben genannten Punkte Bescheid wissen, ernst und wichtig genommen fühlen. Er wird sich freuen, Sie wiederzusehen, sich mit Ihnen zu unterhalten, und zwar sowohl über Geschäftliches als auch über Privates. Kurz gesagt: Er wird sich bei Ihnen wohl fühlen und somit eher in der Stimmung sein zu kaufen.

Zuständigkeiten

Ein Fehler, der im Verkauf häufig gemacht wird, ist die unklare Aufteilung der Kompetenzen oder die Unkenntnis der definierten Zuständigkeiten. Jeder im Verkäuferteam muss wissen: Wer beantwortet welche Frage? Wer ist für welches Thema der richtige Fachmann? Wie reagieren wir geschlossen auf bestimmte Herausforderungen?

Widersprüchliche Informationen vergraulen Kunden

Was mag der Kunde denken, wenn z. B. Verkäufer A sagt: „Es gibt keine Preisminderung", dann Verkäufer B hinzukommt und ohne Zögern vermeldet, eine Preisminderung gehe schon in Ordnung? Der Kunde wird denken, dass in dem „Saftladen" niemand richtig Bescheid weiß, und trotz des Zugeständnisses wird er sich nicht richtig über den Kauf freuen, weil er sich nicht von Profis beraten fühlt.

Ein anderes Beispiel:

Verkäufer A sagt, dass auf ein Gerät 3 Jahre Garantie gewährt werden, dann hakt Verkäufer B – auf diesem Gebiet nicht gerade kundig – ein und fragt, ob der andere sich denn sicher sei, dass es 3 Jahre sind. Er habe gelesen, dass es 5 Jahre seien. Eine peinliche Situation, und zwar für alle Seiten! Und der Kunde denkt sich wieder: „Saftladen, da kennt sich doch wirklich keiner aus. Ich werde jetzt gleich zur Konkurrenz gehen; da passiert so was sicher nicht!" Und wieder ist einerseits ein kurzfristiges Geschäft geplatzt und andererseits ein Kunde langfristig „vergrault".

Jeder Verkäufer benötigt also den genauen Überblick, wer für was intern zuständig ist und wie die entsprechenden Kompetenzen verteilt sind. Und dazu gehört auch das Gespür, wann es Sinn macht, eine Frage selbst (und dann bitte kompetent!) zu beantworten, und wann es sinnvoll ist, einen anderen Spezialisten im Hause hinzuzuziehen.

Gesprächsziele

Haben Sie ein Ziel, das Sie am Ende eines Verkaufsgesprächs, einer Verhandlung oder eines Besuchs erreicht haben wollen? Das muss nicht immer der unmittelbare Abschluss eines Geschäftes sein! Man unterscheidet kurz-, mittel- und langfristige Ziele.

Sie rufen einen potenziellen Neukunden an und möchten ihm **Beispiel** *ein Produkt schmackhaft machen. Der Kunde zeigt anfänglich kein Interesse an diesem Produkt, aber Sie geben nicht auf. Schließlich haben Sie einen Termin für eine persönliche Vorstellung des Produktes bei Ihrem Kunden. Mancher von Ihnen wird jetzt denken: Wer am Telefon schon so weit gekommen ist, muss das Geschäft doch auch gleich in trockene Tücher bekommen und sich nicht noch Extraarbeit in Form eines Kundenbesuchs aufhalsen!*

Klar, das Ziel zu verkaufen, ließe sich vielleicht auch ohne Kundenbesuch erreichen, aber das ist ja noch nicht das Ende! Der Verkäufer kann sich nun ein mittelfristiges Ziel setzen, z. B. bei seiner persönlichen Vorstellung außer dem Abschluss noch weitere Produkte zu präsentieren – oder ein langfristiges Ziel, z. B. eine langfristige Geschäftsbeziehung aufzubauen, weil der Kunde noch kein Interesse am Produkt hat. Man sollte keinen Kunden zu schnell aufgeben!

Setzen Sie sich Ziele! Und beherzigen Sie dabei einige wichtige Grundregeln. Ziele sollten immer konkret – realistisch – erreichbar – nachprüfbar sein.

Ziele schriftlich festhalten

Sie werden außerdem merken, dass es um ein Vielfaches wirkungsvoller ist, wenn Sie Ihre Ziele schriftlich formulieren. Wie wollen Sie sonst nachprüfen, ob überhaupt und inwiefern Sie Ihr Ziel erreicht haben?

Es ist viel aufwendiger und teurer, einen neuen Kunden zu gewinnen, als mit einem bestehenden erfolgreich zusammenzuarbeiten und diesen zufrieden zu stellen – ja zu begeistern – und damit zu binden. Daher ist klar, welchen Stellenwert Sie bei der Zielplanung der Betreuung bestehender Kunden einräumen sollten.

Gesprächsstrategie

Alte Hasen und Anfänger neigen zu starrem Schema

Etliche Verkäufer üben ihren Beruf seit vielen, vielen Jahren aus. Gehören auch Sie vielleicht zu den „alten Hasen" im Geschäft? Machen Sie sich noch Gedanken über den Ablauf eines Verkaufsgesprächs oder gehen Sie immer nach demselben Schema vor? Oder sind Sie noch Anfänger im Verkauf? Gerade Anfänger orientieren sich oft aus Unsicherheit an einem starren Ablaufplan und machen damit leicht jegliche Kreativität und Flexibilität im Kundengespräch zunichte.

Wie sieht es mit Ihrer Strategie für Kundengespräche aus? Haben Sie überhaupt eine Strategie für ein bevorstehendes Gespräch? Einfach so draufloszureden, kann zwar ein gutes Gespräch, aber meist keinen Abschluss bringen! Entwickeln Sie eine Strategie, wie Sie bei einem Kundengespräch vorgehen. Und entwickeln Sie ebenso alternative Strategien und Ausweichmöglichkeiten. Dies betrifft unter anderem auch Angebotsumfang, Preisgestaltung und sonstige Konditionen.

Spielen Sie im Geiste alle Stationen eines Verkaufsgesprächs durch: Was würde ich tun, wenn das und das passiert? Was würde ich sagen, wenn der Kunde den und den Einwand bringt?

Wenn Sie sich mehrere Gesprächsstrategien zurechtlegen und für jede Situation eine Antwort parat haben, gewinnen Sie an Selbstsicherheit und Selbstvertrauen. Das wiederum spüren Ihre Kunden und sie schenken Ihnen Vertrauen.

Kundennutzen

In der Vorbereitungsphase werden Sie sich als Verkäufer sehr ausführlich Gedanken machen zu dem Nutzen, den Sie mit Ihrem Produkt/Ihrer Dienstleistung bieten können.

Der Kunde kauft immer, aber nicht immer bei Ihnen. Er kauft dann, wenn er eine günstige Gelegenheit sieht, wenn sein Wunsch stark genug oder die Sympathie zum Verkäufer groß ist oder wenn ihn der Nutzen überzeugt. Der Kunde kauft dann, wenn er bei einem Verkäufer den Eindruck hat, dass er neben dem, was er bei einem anderen Anbieter auch bekommen kann, etwas Zusätzliches bekommt.

Zusatznutzen und Mehrwert können sein:
Freundlichkeit, Hilfsbereitschaft, Service, Beratung, Image, Sicherheit, Partnerschaft.

Überlegen Sie sich auch, wie Sie die Vorteile für den Kunden anschaulich darstellen, konkret vorstellbar machen können.

Auftreten und Erscheinungsbild

Zur Persönlichkeit gehören neben Selbstverständnis und Selbstbewusstsein auch folgende Punkte:

Ernährung Nicht gerade Knoblauch vor einem Verkaufsgespräch essen, Ihr Gegenüber ist vielleicht kein Fan intensiver Ausdünstungen.

Fitness Nur wer gesund und fit ist, kann auch auf Dauer leistungsfähig sein.

Kleidung/ Accessoires Kleidung nicht übertrieben, sondern dem Umfeld entsprechend. Ein Verkäufer im Sportartikelgeschäft wird anders gekleidet sein als in einem Edeljuwelierladen.

Achten Sie auch auf Ordnung in Ihren Unterlagen (weitere Hinweise in Kapitel 3).

Umgangsformen Es sollte selbstverständlich sein, dass Sie die gängigen Etikette-Regeln beherrschen und beachten.

Zeit- und Routenplanung

Nichts ist unangenehmer, als abgehetzt in letzter Sekunde oder gar zu spät beim Kunden zu erscheinen und so in ein Gespräch zu starten. Jeder Kunde wird Sie gerne vorab mit einer Anfahrtskizze oder -beschreibung versorgen. Planen Sie ausreichende Zeitpuffer ein, sodass Sie stressfrei und trotz Stau rechtzeitig beim Kunden eintreffen. Hier gleich noch ein Tipp aus der Verkaufspraxis:

Es ist günstig, wenn Sie einen vereinbarten Termin schriftlich bestätigen.

Vorgefertigte Formulare sind bestimmt nicht der Weisheit
letzter Schluss, können aber doch als Vorlage ganz hilfreich
sein. Wandeln Sie nachfolgende Terminbestätigung einfach
individuell ab.

Sehr geehrte …

herzlichen Dank für unser Telefongespräch am … Wir bestätigen
Ihnen den Termin am … in Ihrem Büro …

Sie werden bei unserer 30-minütigen Präsentation sehr schnell
feststellen, dass sich unser … ganz erheblich von den üblichen
… unterscheidet. Außerdem bekommen Sie klare Vorstellungen
über die Möglichkeiten der Umsatzsteigerung. Damit Sie sich
schon vorab ein Bild machen können, wie wir arbeiten, habe ich
Ihnen Namen und Telefonnummern von drei unserer Kunden
angegeben.

Kunde a, Tel. …
Kunde b, Tel. …
Kunde c, Tel. …

Die Kunden sind über einen möglichen Anruf von Ihnen informiert und freuen sich darauf.

Herzliche Grüße aus … sendet

…

Ein solches Schreiben verringert auch die Gefahr, dass Ihr
Kunde einen vereinbarten Termin vergisst.

Selbstverständnis

Sicher ist Ihnen nicht unbekannt, dass Verkäufer nicht so hoch angesehen sind, zumindest in der Rangfolge der Berufe. Sie haben keine Chance, mit einem Arzt oder einem Geistlichen mitzuhalten.

Wert des Verkaufens

Mir liegt daran, den Beruf des Verkäufers ins rechte Licht zu rücken. Was würden die besten Produkte und die besten Dienstleistungen nützen, wenn es niemanden gäbe, der sie an den Mann bringt? Der Verkäufer leistet überdies einen wichtigen Dienst am Kunden, indem er dessen Wünsche erfüllt und Bedürfnisse befriedigt, Lösungen für Probleme bietet, Informationen liefert und bei der Auswahl kompetent berät.

Der Verkäufer und der Kunde stehen sich nicht als Feinde gegenüber, sondern als Partner mit wechselseitigem Nutzen, was heute häufig als *Win-Win-Situation* beschrieben wird. Ein Verkauf bringt dem Verkäufer vielleicht eine Provision oder, zum Beispiel im Einzelhandel, das Gefühl, gut gearbeitet zu haben. Der Kunde befriedigt mit einem Kauf seine Wünsche oder Bedürfnisse. Wenn dem Kunden der Einkauf Spaß gemacht hat, ist er zufrieden, wenn er das Geschäft verlässt. Und nur ein zufriedener Kunde wird beim nächsten Kauf wieder bei Ihnen kaufen oder – und das ist der Idealfall – er wird sogar zum Stammkunden!

Ist Ihnen bewusst, was Verkaufen für Sie bedeutet? Sie haben die Möglichkeit, Ihren Beruf mit einer Mission zu verbinden. Welches sind Ihre Werte? Was gibt Ihrem Tun Sinn? Woran wollen Sie sich messen lassen? Welche Aussagen können Sie machen über:

▨ Nutzen: _____

▨ Qualität: _____

▓ Service: _____

▓ Umweltverträglichkeit (Produkt, Herstellungsverfahren):

_____

▓ Zulieferer: _____

Am besten, Sie legen sich schon vorher Antworten, Schlüssel-   **Antworten vorher**
aussagen und Leitsätze zurecht. Dann brauchen Sie sich im   **zurechtlegen**
eigentlichen Kundengespräch damit nicht mehr gedanklich
auseinander zu setzen, sondern können sich auf die wirklich
nicht vorherzusehenden Fragen Ihrer Kunden konzentrieren.
So wirken Sie sicher und gefestigt in Ihren Aussagen, was
wiederum dem Kunden ein gutes und beruhigendes Gefühl
gibt.

**Ihre Persönlichkeit und Ihr Selbstbewusstsein sind zwei
entscheidende Faktoren auf dem Weg zu einem Spitzenverkäufer. Sie können nur Spitze werden, wenn Sie auch an
Ihre Fähigkeiten glauben und davon überzeugt sind, dass
Sie es schaffen.**

Wenn Sie dagegen tagtäglich an sich selbst zweifeln und bei
jedem Nein eines Kunden die Schuld bei sich selbst suchen,
dann brauchen Sie sich nicht zu wundern, wenn Sie nicht
erfolgreich sind.

Erinnern Sie sich deshalb so oft wie möglich an Ihre bisheri-   **Sich an Erfolge**
gen Erfolge, denken Sie an grandiose Situationen in Ver-   **erinnern**
kaufsgesprächen zurück. Sicher haben Sie schon einmal bei
Kundeneinwänden souverän reagiert, haben schon tolle
Beziehungen zu etlichen Kunden aufgebaut und Geschäfte

abgeschlossen, die Ihnen anfänglich undenkbar schienen. Sie sind ein guter Verkäufer und Sie haben einen wunderbaren Beruf! Vorausgesetzt, Sie erfüllen diesen entsprechend mit Leben und haben Spaß an Ihrem Tun.

Lassen Sie sich nicht von kleinen Fehlschlägen entmutigen, die jeder im Leben hat, ob nun Verkäufer oder Sachbearbeiter oder Hausfrau. Es kommt immer nur darauf an, wie man alles betrachtet. Sehen Sie zukünftig also jeden Fehlschlag als Herausforderung und jeden Kunden, mit dem Sie nicht gleich zurechtkommen, als Lehrer auf Ihrem Weg zu einem Spitzenverkäufer.

> **Wenn Sie sich in allen genannten Bereichen sorgfältig vorbereiten, verleiht Ihnen dies Sicherheit und Glaubwürdigkeit und Sie haben eine optimale Basis für ein erfolgreiches Verkaufsgespräch geschaffen.**

10 Tipps zur effektiven Vorbereitung

Zusammenfassung

1. Tragen Sie der Prozesshaftigkeit des Verkaufsvorgangs von Anfang an Rechnung!
2. Prüfen Sie Ihr Selbstverständnis und finden Sie Ihre Mission als Verkäufer!
3. Tragen Sie alle verfügbaren Informationen über Ihren Kunden (Person und Unternehmen, Kundensituation, Kundenhistorie), den Markt und den Wettbewerb zusammen!
4. Definieren Sie die eigene Positionierung (Markenname, Slogan, Alleinstellungsmerkmale), den Kundennutzen und den Mehrwert, die Angebotsvarianten (Preis, Ausstattung, Konditionen, Angebotspakete)!

5. Legen Sie sich eine Strategie (und Alternativen dazu) für das Kundengespräch zurecht!

6. Haben Sie Aussagen zu gängigen Kundeneinwänden parat!

7. Klären Sie Ihre Kompetenzen und die Aufteilung der Zuständigkeiten in Ihrem Unternehmen!

8. Überlegen Sie, wie Sie an Ihrem persönlichen Erscheinungsbild und Auftreten feilen können (Outfit, Business-Knigge)!

9. Setzen Sie sich konkrete, realistische, erreichbare und überprüfbare Ziele (kurz-, mittel- und langfristig) und halten Sie diese schriftlich fest!

10. Rufen Sie sich in Erinnerung: Sie haben einen tollen Beruf und Sie sind ein guter Verkäufer!

2. Eigenmotivation

Wir befinden uns noch in der Vorbereitungsphase, d. h., der Kunde ist noch immer nicht in Sichtweite. Einstimmen auf das Verkaufsgespräch – wozu soll das denn gut sein? Und vor allem: Wie soll das funktionieren?

Stellen Sie sich folgende Situation vor: Sie sind bei guten Freunden am Abend zu einer Feier eingeladen. Natürlich bereiten Sie sich auf diese Einladung vor, indem Sie ein Geschenk oder Blumen besorgen, ein Bad nehmen, sich besonders schick kleiden, sich vielleicht auch Gedanken über den Ablauf des Abends machen. Mit all diesen Handlungen stimmen Sie sich auf eine Einladung ein.

Einstimmung

Verschiedene Rituale und Methoden Ebenso sind zum Einstimmen auf einen Tag im Verkauf, auf ein Verkaufsgespräch, auf einen Kunden bestimmte Rituale nötig. Auch hier steht eine Begegnung von Mensch zu Mensch bevor, für die Sie in einer guten körperlichen und mentalen Verfassung sein sollten. Viele Verkäufer haben eine ganz individuelle Methode für sich entwickelt, um ihre Stimmung vor einem Verkaufsgespräch positiv zu beeinflussen. Sie hören Musik, die für sie besonders angenehm ist, oder sie trällern selbst ein Lied, sammeln sich in einer Meditation usw. Wie sich der Einzelne in eine positive und motivierende Stimmung bringt, ist jedem selbst überlassen. Machen Sie sich einmal Gedanken, was für Sie geeignet sein könnte. Sie kennen sich selbst am besten und wissen, was Sie anspricht. Seien Sie experimentierfreudig und probieren Sie einfach aus, was am besten wirkt.

Haben Sie schon einmal versucht, sich im Spiegel selbst **Sich im Spiegel**
zuzulächeln, wenn es Ihnen gerade nicht so gut geht? Sie **zulächeln**
werden jetzt sagen: „Das ist doch ziemlich verrückt." Stimmt.
Da fühlt man sich bedrückt – warum auch immer –, hat
schlechte Laune, würde sich am liebsten in irgendeine Ecke
verkriechen, und dann soll man sich im Spiegel angrinsen.
Wirklich nicht! Ver-rückt – im wahrsten Sinne des Wortes.
Warum eigentlich nicht? Wenn es Ihnen nicht gut geht, können Sie in Jammern verfallen oder etwas an Ihrem Blickwin-
kel ver-rücken und sich im Spiegel anlächeln. Sie werden
merken, dass es Ihnen bald schon etwas besser geht.

Sie können auch eine witzige Geschichte lesen oder eine
Sketchsendung im Fernsehen ansehen – das Ergebnis ist das
gleiche und wissenschaftlich bewiesen:

Lachen bewirkt, unabhängig von der momentanen Ge-
fühlslage, dass es einem innerhalb kürzester Zeit besser
geht.

Und was will man mehr? Sie fühlen sich gut, können mit
einem guten Gefühl zu Ihrem Kunden gehen, und ziemlich
sicher wird sich dann auch Ihr Kunde im Kontakt mit Ihnen
gut fühlen.

Quellen der Motivation

Motivation ist das Zauberwort des Erfolgs. Die Frage vieler **Sich trotz**
Verkäufer lautet allerdings: Wie schaffe ich es denn nun wirk- **Niederlagen**
lich, mich zu motivieren, wenn ich schon beim zehnten Käu- **motivieren**
fer an diesem Tag keinen Abschluss machen konnte, und
auch noch den elften anzusprechen? Die Antwort ist ebenso
simpel wie anspruchsvoll.

Was motiviert Sie? Aber zunächst einmal an Sie die Frage: Was motiviert Sie? Fühlen Sie sich motiviert, wenn Ihr Chef Ihnen auf die Schulter klopft und Sie lobt? Wenn ein Kunde einen großen Auftrag unterschreibt? Wenn Sie einen Satz im Tennismatch gewinnen? Woraus ziehen Sie ganz persönlich Ihre Motivation? Die Antworten auf diese Frage sind wohl so vielschichtig, wie es Menschen auf dieser Welt gibt, und doch werden Sie eines feststellen:

> **Wirklich erfolgreiche Menschen sind nicht motiviert, weil ein anderer sie motiviert, sondern weil sie sich selbst motivieren und damit zu Höchstleistungen bringen.**

Sie sind sich der Tatsache bewusst, dass es an ihnen liegt, im Leben zur richtigen Zeit genau des Richtige zu tun.

Motivation = Selbst-Motivation Motivation kann immer nur über Selbst-Motivation wirklich funktionieren! Sicher kann auch das Lob Ihres Chefs Ihnen frischen Schwung geben. Aber was tun Sie, wenn dies nur einmal im Jahr vorkommt? Was machen Sie an den restlichen Tagen im Jahr? Sicher motiviert es Sie, wenn es mit einem Kunden besonders gut läuft. Aber was machen Sie, wenn der Kunde plötzlich bei einem anderen Anbieter kauft?

Wenn es im Leben gut läuft, ist es keine große Kunst, motiviert zu sein. Die große Kunst der Motivation beginnt in ganz anderen Situationen, wenn das Lob von außen einmal ausbleibt und der Verkauf gerade so gar nicht laufen will. Wer genau dann in der Lage ist, diese tiefen Täler zu durchschreiten – im Wissen, dass er auf dem richtigen Weg ist, und im Vertrauen darauf, dass es auch wieder bergauf geht –, kann sich selbst motivieren und diese Quelle der Motivation in jeder Lebenslage nutzen.

Schnell in Superstimmung

Kennen Sie ein Mittel, wie Sie schnell in Superstimmung kommen? Nein?

Ich gebe Ihnen gerne einen heißen Tipp:

Schließen Sie die Augen (halt, stopp – bitte erst, wenn Sie die nächsten Zeilen gelesen haben) und stellen Sie sich doch einmal einen tollen Urlaubstag vor. Die Sonne scheint an einem strahlend blauen Himmel, es ist ein traumhaft klarer Tag. Das azurblaue Meer lädt zum Träumen ein. Sie fühlen die leichte Brise auf der Haut, der Geruch von Kokosnussöl umweht Ihre Nase. Sie schmecken die salzige Luft und fühlen sich – na? richtig: sau-(entschuldigen Sie den Ausdruck)-wohl.

Ein toller Urlaubstag

Und nun bleiben Sie noch eine Weile in genau dieser Stimmung und vervollständigen folgenden Satz:

Ich freue mich auf das Verkaufsgespräch, weil ...

_____

_____

_____

_____

_____

_____

Und wenn Sie jetzt sagen, das ist doch Betrug, dann sage ich: ja, nämlich positiver Selbstbetrug.

Ja, ich bin gerne Verkäufer

Motive des Verkaufens Erkennen Sie Ihre verkäuferischen Motive und machen Sie sich diese bewusst.

> Aus welchen Motiven verkaufen Sie? Was erwarten Sie vom Kunden? Wie bewerten Sie Ihren Berufsstand?

Wer sich als Verkäufer immer noch als Klinkenputzer sieht, der einem Kunden etwas aufschwatzen will, ist arm dran. Auch wer meint, unbedingt auf neue Bezeichnungen wie *Sales Representative* oder *Sales Officer* oder Ähnliches ausweichen zu müssen, liegt daneben. Warum stehen Sie nicht zu Ihrem Beruf als Verkäufer?

Sagen Sie sich: „Ja, ich bin gerne Verkäufer. Ich bin überzeugt von dem, was ich verkaufe. Ich berate meine Kunden zuverlässig und biete ihnen genau die Lösungen, die sie für ihre Probleme brauchen." Sie sind kein Bittsteller, sondern erfüllen Wünsche und helfen Ihrem Kunden – auf welche Weise auch immer –, im Leben erfolgreicher zu sein und ein angenehmeres Leben zu haben.

> Die richtige Einstellung zu Ihrer Arbeit als Verkäufer und zu Ihrer Tätigkeit, nämlich dem Verkaufen, entscheidet wesentlich über Ihren Erfolg. Sie vermitteln diese Einstellung – ob Sie wollen oder nicht – Ihrem Kunden über das, was Sie ausstrahlen.

Gründe für Anbieterwechsel Wussten Sie übrigens, warum Kunden den Anbieter wechseln? Das Deutsche Marketingbarometer hat bei einer Untersuchung von 40 Branchen und über 700 Unternehmen die

Gründe für Kundenverlust festgestellt und statistisch ausgewertet. Der Kundenverlust tritt ein zu

- ▨ 2 % durch Tod,
- ▨ 10 % durch Umzug,
- ▨ 18 % durch neue Gewohnheiten und
- ▨ 70 % durch unfreundliche oder desinteressierte Bedienung.

Auf diese 70 % haben Sie direkten Einfluss! Wenn Sie Spaß an Ihrer Tätigkeit haben, sind Sie in der Lage, den Kundenverlust durch Ihre Freundlichkeit und Ihr aufmerksames Interesse zu stoppen.

Den Kunden kennen heißt den Kunden mögen

Kennen Sie das Muster, die „Landkarte", der Kunden-Denke? Nein? Ich stelle sie Ihnen gerne vor. Es ist die Gesamtmenge der persönlichen Überzeugungen, die ein Kunde hat. Dazu gehören auch die Überzeugungen, die unser Kunde braucht, um bei uns zu kaufen.

Das Denken des Kunden

Stellen wir uns also bei allen Nicht-Käufen die Frage: Aufgrund welcher Annahme(n) hat der Kunde nicht gekauft? Und: Was hätte er glauben müssen, um Ja zu sagen?

Das Herausfinden und Festhalten von Glaubensgrundsätzen, die der einzelne Kunde hat, hilft, die Präsentation passend aufzubauen, dementsprechende Einwände vorwegzunehmen und zu beantworten.

Hilfreich ist es in diesem Zusammenhang, sich das Bild, das man bisher vom Kunden hat, wieder ins Gedächtnis zu rufen. Beantworten Sie sich die Fragen:

Was weiß ich von diesem Kunden? Wie ist sein Familienstand? Wie ist seine berufliche Situation? Welche Geschäfte hat er bisher bei mir abgeschlossen? Was weiß ich über seine Überzeugungen, seine Wertvorstellungen und seine Gedankenwelt?

Machen Sie sich alle hervorstechenden Eigenschaften und Eigenarten bewusst. Trägt er immer eine besonders bunte und auffällige Krawatte? Ist er bei seinen Käufen spontan? Oder ist er eher zögerlich und unsicher? Braucht er Berge von Informationsmaterial? Hat er ein außergewöhnliches Hobby? Jetzt befragen Sie sich noch zu Ihrem Empfinden: Was gefällt mir an diesem Kunden?

Durch die Beantwortung dieser Fragen sind Sie schon ganz nebenbei auf den Kunden positiv eingestimmt und freuen sich auf das bevorstehende Gespräch.

10 Tipps zur effektiven Eigenmotivation

Zusammenfassung
1. Entwickeln Sie Ihre ganz persönliche Methode, wie Sie sich vor dem Verkaufsgespräch in eine positive Stimmung versetzen!
2. Schenken Sie Ihrem Spiegelbild ein Lächeln!
3. Seien Sie stolz auf Ihren Beruf. Betrachten Sie sich als gefragten Problemlöser!
4. Denken Sie immer daran: Mit Ihrer Freundlichkeit und Ihrem aufmerksamen Interesse binden Sie Ihre Kunden!

5. Warten Sie nicht auf Motivation von außen, sondern motivieren Sie sich selbst!

6. Verlieren Sie nie den Glauben an sich und Ihren Erfolg. Auf ein Tief folgt wieder ein Hoch!

7. Schöpfen Sie Kraft aus genussvollen Fantasien, die all Ihre Sinne ansprechen und beleben!

8. Machen Sie sich ein möglichst genaues Bild von der Gedanken- und Gefühlswelt Ihres Kunden und versetzen Sie sich in diese hinein!

9. Bringen Sie Ihrem Kunden positive Gefühle entgegen. Denken Sie an das, was Sie an ihm schätzen!

10. Stellen Sie sich darauf ein, dem Kunden in einer ihm gemäßen Weise zu begegnen!

3. Begrüßung

In Kapitel 1 und 2 ging es um Vorbereitung und Eigenmotivation. Bisher war der Kunde noch nicht in Sicht. Jetzt haben Sie den ersten Blickkontakt zum Kunden – und damit natürlich auch die Möglichkeit, vieles gleich von Anfang an richtig zu machen. Klar ist: Sie wollen in der Begrüßungsphase so rasch wie möglich eine positive Verbindung zum Kunden herstellen.

Den Namen verstehen
Falls Sie jetzt den allerersten Kontakt zum Kunden haben, sorgen Sie dafür, dass Sie dessen Namen gut verstehen und ihn wiedergeben können. Achten Sie sogleich auf die persönlichen Eigenheiten, Kleidung, Stimme, Umgebung (z. B. Bilder auf dem Schreibtisch), auf alles, was Ihnen hilft, den Kunden nicht nur als Kunden, sondern als Menschen zu betrachten, denn genau das hilft Ihnen beim Beziehungsaufbau.

Wenn Ihnen der Kunde schon bekannt ist – und sei es auch nur aus vorangegangenen Telefonaten –, dann erwartet er, dass Sie sich an seinen Namen erinnern und ihn auch ganz persönlich – mit Namen! – ansprechen.

Wenn Sie nun noch drei weitere Punkte beachten, ist die Begrüßung für Sie ein gelungener Start in ein erfolgreiches Verkaufsgespräch:

- **Egal, was der Kunde will, fragt oder sagt, bleiben Sie immer freundlich!**
- **Zeigen Sie aufrichtiges Interesse an Ihrem Gegenüber!**
- **Bestärken Sie den Kunden in seinem Selbstbewusstsein!**

Aufrichtiger und ehrlicher Anerkennung kann kein Kunde
widerstehen!

Skizzieren Sie kurz den Beginn eines für Ihren Bereich passenden
Verkaufsgesprächs! Welche Formulierungen verwenden Sie in
der Begrüßungsphase? Denken Sie an Ihre Erfahrungen der letzten Wochen und Monate. Was war positiv? Was könnten Sie noch
verbessern?

Der erste Eindruck entscheidet

Wenn Sie unausgeschlafen, ungekämmt und schlecht gekleidet vor dem Kunden stehen und Ihr erster Satz lautet: „Hal-
lo, ich bin Herr Müller und hätte da ein interessantes Produkt
für Sie", dann wundern Sie sich nicht, wenn Sie über die
Begrüßung nicht hinauskommen. Wie gut auch immer Vorbereitung und Eigenmotivation waren, die ersten Sekunden
der persönlichen Begegnung sind entscheidend. Hier liegen
enorme Chancen!

Die ersten Sekunden

Schon bei der Begrüßung gilt es, Ihr Gegenüber persönlich
zu überzeugen. Der gute Draht, der zu Anfang hergestellt
wird, ist der Ausgangspunkt für jedes weitere Miteinander.

Hier wird die Vertrauensbasis geschaffen, hier wird das
Interesse geweckt. Der Käufer wird aufgeschlossener sein,
lieber Fragen beantworten, mehr Informationen heraus-
geben, wenn eine gewisse Sympathie vorhanden ist.

Sprechen Sie nicht nur mit Ihrer Stimme mit dem Kunden.
Setzen Sie das ganze Repertoire der Kommunikation ein, wie
Mimik, Gestik und Körperhaltung. Sympathie wird durch
alles geweckt, was Offenheit bedeutet. Bewegen Sie sich also

**Repertoire
der Kommunikation**

mit offenen Armen, einem offenen Blick und mit einem gewinnenden Lächeln auf den Käufer zu. Sie werden merken, dass er diese positive Aktion mit einer positiven Reaktion beantwortet und seinerseits offen für Sie und Ihr Angebot ist.

Äußere Erscheinung Sie kennen sicherlich den Satz: Für den ersten Eindruck gibt es keine zweite Chance. Genauso ist es! Den ersten Eindruck von Ihnen gewinnt Ihr Kunde bei der Begrüßung. Und zum ersten Eindruck gehört neben Ihrer Körpersprache und den ersten Sätzen natürlich vor allem auch Ihre äußere Erscheinung.

Hier ein paar Anregungen, die Ihnen sicher helfen, korrekt und stilsicher aufzutreten.

Tipps für den Mann *Schuhe:*
- Dunkle Schuhe aus Glattleder mit Ledersohle
- Schnürschuhe
- Gepflegt, sauber und mit Schuhspannern in Form gehalten, nicht abgetragen
- Abends nur schwarze Schuhe

Strümpfe, Socken:
- Dunkler als die Hose
- Uni oder sehr dezent gemustert
- Lang genug, damit beim Sitzen das behaarte Männerbein nicht sichtbar ist

Anzug:
- Zwei- oder dreiteilig
- Dezente Farben/Muster – Grautöne, Schwarz, Blau, Braun
- Klassische Schnitte
- Gute Passform: körpernah – aber trotzdem großzügig
- Ärmellänge so, dass Manschetten noch ca. 2 cm sichtbar sind

- Hosenlänge ca. 5 mm über Beginn des Absatzes, schmale Hosen leicht aufstehen lassen

Gürtel:
- Zu den Schuhen passend
- Dezente, elegante Gürtelschnalle, nicht sportlich

Hosenträger:
- Vorteilhaft für etwas korpulente Männer
- Dezente Muster und Farben – keine Mickey-Maus-Muster oder Ähnliches

Hemd:
- Dezente Farben und Muster
- Dezente Knöpfe aus Perlmutt
- Kragenweite so wählen, dass noch ein Finger Platz hat
- Herausnehmbare Kragenstäbchen (für gut sitzende Kragenspitzen)
- Kent-, Tab- oder Haifisch-Kragen, Button-down-Kragen ist eher sportlich

Krawatte:
- Dezente Farbe und Muster – auf Anzug, Hemd und Typ abgestimmt
- Krawattenseide mit Verstärkung
- Richtige Länge: Spitze überdeckt genau den Knopf des Hosenbundes
- Knoten: Four-in-Hand-Knoten oder Windsorknoten
- Nach dem Tragen Knoten vorsichtig öffnen und ca. 36 Stunden eingerollt oder hängend ruhen lassen

Schmuck:
- Maximal 2 Ringe – einschließlich Ehering
- Uhr – keine Imitationen oder zu sportliche Uhren
- Keine sichtbaren Ketten, Armbänder, Ohrringe, Piercings, Tätowierungen

Körperhaare:
- Gepflegte Rasur, wenn Bart, dann sehr gepflegt
- Augenbrauen sollen nicht zusammenwachsen
- Keine Haare, die aus Nase, Ohren oder Hemdkragen herauswachsen

Fettnäpfchen:
- Weiße Socken
- Abgescheuerte Hemdenkragen und Halsausschnitte
- Verknitterte Kleidung

Tipps für die Frau *Schuhe:*
- Farblich passend – nicht knallrot
- Nicht zu flach und nicht zu hochhackig – am besten Pumps
- Gepflegt, nicht abgetreten, Absatz in Ordnung

Strümpfe:
- Farblich passend
- Keine dunklen Strümpfe zu hellen Schuhen
- Keine Muster, tagsüber nicht zu glänzend
- Keine Kniestrümpfe zu Röcken
- Keine Laufmaschen – Reservepaar bereithalten
- Auch im Sommer Strümpfe zu klassischen Kostümen/ Röcken tragen

Businesskleidung:
- Kostüm
- Eleganter, femininer Hosenanzug
- Kleider in dezenten Farben/Mustern, Etuikleid mit Blazer
- Hose oder Rock mit Blazer oder Jacke
- Dazu elegante Bodys und T-Shirts, schlichte Blusen, Twinsets

Passform:
- Rocklänge nicht zu kurz
- Ärmel nicht zu lang
- Richtige Größe – körpernah, aber nicht zu eng
- Nicht zu tief dekolletiert

Handtasche:
- Dezent – weniger ist mehr

Schmuck:
- Keine üppigen Hängeohrringe, da ablenkend
- Nicht an jedem Finger einen Ring
- Keine Fußkettchen, Billigschmuck, Imitationen
- Modeschmuck sollte als Modeschmuck erkennbar sein

Make-up:
- Make-up dezent, zum Typ und zur Kleidung passend – weniger ist mehr, bei Tageslicht schminken
- Keine Make-up-Ränder auf der Kleidung
- Dezenter Nagellack – darf nicht abgeplatzt sein

Körperhaare:
- Haare entfernen – Gesicht, Achseln, Beine

Frisur:
- Guter und sichtbarer Haarschnitt
- Dezente Haaraccessoires
- Vorsicht mit dem nachwachsenden Haaransatz bei Dauerwellen, Strähnen und Farben

Fettnäpfchen:
- Glitzerteile, Lurex
- Spaghettiträger
- Nappalederhose
- Lange Schlitze
- Rüschen

- Durchsichtige Kleidung
- Schulterfrei
- Unordentlicher Saum
- Laufmaschen

Allgemeine Tipps für Mann und Frau

Kleidung:
- Markenaufnäher und Preisschilder entfernen
- Achten Sie darauf, dass keine Aufhängeschlaufen an Hosen oder Röcken sichtbar sind
- Grundsätzlich gepflegt, gebügelt und ohne Flecken, nicht abgetragen

Körperpflege:
- Regelmäßige Körperpflege
- Gutes Deo verwenden
- Dezentes Eau de Toilette
- Für frischen Atem sorgen – eventuell Lutschpastillen verwenden – keinen Kaugummi

Hände:
- Saubere, gepflegte Fingernägel
- Bei trockener Haut eincremen, keine rissige Nagelhaut

Gesicht:
- Gepflegte Haut
- Nicht zu solariengebräunt

Frisur:
- Zum Typ passend
- Erkennbarer Haarschnitt – keinen Nackenflaum
- Gepflegte, gewaschene Haare – keine Schuppen

Brille:
- Dezente Farben, nicht zu dominant
- Gestell soll den Typ unterstreichen und auf Hautton und Gesichtsform abgestimmt sein

░ Gläser entspiegelt, nicht getönt

Aktentasche:
░ Sauber
░ Keine Lederimitationen
░ Nicht zu voll stopfen

Schirm:
░ Dunkle oder dezente Farben
░ Keine auffälligen Werbeaufdrucke

Schreibgeräte:
░ Keine billigen Werbe-Kugelschreiber

Der wohldosierte Händedruck

Vom ersten Händedruck hängt entscheidend ab, wie Sie als Person eingeschätzt werden. Sicher kennen auch Sie das unangenehme Gefühl, wenn Sie einem Menschen die Hand geben und dieser einen schlaffen Händedruck hat. Was würden Sie von einem Verkäufer halten, der Sie so begrüßt? Würden Sie denken: „Wow, der hat Power und kann mir sicher etwas Tolles anbieten!" Oder würden Sie nicht vielmehr denken: „Na, wenn sein Angebot auch so lasch wie sein Händedruck ist, kommt wohl nichts Rechtes dabei heraus."

Das soll nun aber nicht heißen, dass Sie Ihrem Gegenüber in Arnold-Schwarzenegger-Manier die Hand quetschen sollen. Am besten, Sie üben einmal mit einem vertrauten Menschen Ihren Händedruck und fragen den anderen, wie er ihn empfindet. Der Händedruck sollte nicht zu lasch und nicht zu fest sein und nicht zu lange dauern; andererseits sollten Sie Ihre Hand aber auch nicht gleich wieder wegziehen, als ob Sie eine heiße Kartoffel angefasst hätten.

Nicht zu lasch und nicht zu fest

Ihr Händedruck sollte so wie Sie sein: aufrichtig und selbstbewusst und mit der Absicht, Ihren Kunden auf ganz natürliche Art und Weise persönlich zu begrüßen.

Schauen Sie Ihrem Gegenüber beim Händeschütteln in die Augen. Dies verstärkt die Wirkung ungemein.

Namen sind nicht nur Schall und Rauch

Name und Persönlichkeit sind verbunden

Dass Namen nicht nur Schall und Rauch sind, werden Sie erfahren, wenn Sie Müller-Vorbein heißen und mit Müller-Vorlein oder Müller-Forben oder Müller-Fräulein angesprochen werden. Und nicht anders geht es Ihrem Gegenüber. Der Name ist sehr eng mit der Persönlichkeit verbunden. Und nichts weckt mehr Aufmerksamkeit als die Nennung des eigenen Namens!

Nach dem Namen fragen

Gehen Sie daher ganz sicher, dass Sie beim ersten Kundenkontakt den Namen des Kunden richtig verstanden haben und ihn auch korrekt wiedergeben können. Sind Sie sich nicht sicher, fragen Sie lieber nach. Kein Mensch hat etwas dagegen, seinen Namen noch einmal zu wiederholen. Im Gegenteil: Jeder wird sich freuen, wenn sein Name wichtig genommen und dann in der Folge auch richtig ausgesprochen und geschrieben wird.

Es mag Ihnen zwar peinlich erscheinen, wenn Sie nach mehrfacher Nennung den Namen noch immer nicht verstanden haben, aber durch das mehrfache Nachfragen wird dem Kunden signalisiert, dass Sie Interesse an ihm haben, und er wird Ihnen daher die Fragerei auch nicht übel nehmen. Am besten lassen Sie sich nach dem zweiten Mal den Namen buchstabieren. Sie können dabei erklären, dass Sie sichergehen wollen, dass Sie den Namen auch korrekt schreiben können. Wiederholen Sie nun im Geiste den Namen mehrfach für sich und lassen Sie ihn gelegentlich ins Gespräch mit einfließen („Herr X, schön, dass Sie sich schon über das Produkt informiert haben"). Wenn Sie den Namen mit einem Bild verbinden, hilft Ihnen das, sich später an ihn zu erinnern. Übrigens: Je verrückter dieses Bild ist, umso besser wird sich Ihnen der Name einprägen und umso leichter können Sie sich später daran erinnern. Sicher ist sicher: Notieren Sie sich den Namen, sobald Sie die Gelegenheit dazu haben, ruhig auch in Anwesenheit Ihres Kunden.

Atmosphäre schaffen

Sich wohlfühlen

Sie betreten nach einem anstrengenden Tag Ihr Zuhause, da klingt leise Musik an Ihr Ohr, ein Hauch von Parfüm liegt in der Luft, im Kamin brennt ein Feuer, das den Raum in ein behagliches Licht taucht, Kerzen flackern im leichten Luftzug, der Tisch ist festlich für zwei gedeckt … – verstehen Sie, was ich mit *Atmosphäre* meine? Natürlich sollen Sie nicht speziell dieses Szenario für Ihren Kunden veranstalten, dennoch bleibt der Sinn, der hinter dem Schaffen von Atmosphäre steckt, der gleiche.

Atmosphäre heißt: Der Gesprächspartner soll sich wohlfühlen und Ihnen wohlgesonnen sein!

Einladung zum Geschäftsessen

Was halten Sie davon, einmal ein besonders nobles Hotel als Treffpunkt zu wählen, wenn es um einen großen Geschäftsabschluss geht? In Frankreich z. B. ist es gang und gäbe, erst einmal gemeinsam zu essen, bevor man Geschäfte tätigt.

Natürlich wird es immer Kunden geben, die Ihnen dankbar sind, wenn Sie nur schnell mal vorbeikommen und Ihnen das neueste Angebot unterbreiten, ohne dass es viel Zeit kostet. Es wird jedoch auch Kunden geben, die es genießen, wenn Sie sich einmal besonders viel Zeit für sie nehmen. Nutzen Sie doch einfach einen besonderen Anlass – und wenn es das einjährige Bestehen der Geschäftspartnerschaft ist –, und laden Sie Ihren Kunden in ein feines Lokal zum Essen ein. Schaffen Sie eine Atmosphäre, die Sie im täglichen Umgang miteinander nicht haben.

Erlebniskauf Ein paar Ausführungen zum Stichwort Erlebniskauf. Der Kauf an sich sollte für den Kunden angenehm sein – ein positives Erlebnis eben. Nicht nur der Urlaub und das Schwimmbad werden durch den Zusatz „Erlebnis" aufgewertet! Sie erreichen eine solche Aufwertung im Verkauf durch eine freundliche Raumgestaltung, bequeme Sitzgelegenheiten, das Servieren eines Erfrischungsgetränks usw. Denken Sie nur einmal daran, welche Erlebnisangebote sich Möbel- und Autohäuser für die mitgebrachten Kinder einfallen lassen, um die erwachsenen Kaufinteressenten anzuziehen.

Zum Kauferlebnis gehört auch, wie Sie als Person dem Kunden begegnen. Das heißt, das Gespräch mit Ihnen sollte dem Kunden Spaß machen. Und das tut es, wenn Sie freundlich und ungezwungen mit ihm sprechen, wenn Sie auf ihn eingehen.

Von der Begrüßung zur Beziehung

Die Beziehung zum Kunden macht den Unterschied und ist der Schlüssel zum Verkauf.

Ob wir miteinander können oder nicht, entscheidet sich zum weitaus größten Teil auf der unbewussten Ebene. Um dies anschaulich zu machen, bringt man hier gerne den Vergleich zu einem Eisberg, bei dem nur ein kleiner Teil über die Wasseroberfläche ragt und sichtbar ist. Dieser kleine Teil entspricht der bewusst wahrgenommenen Kommunikation, der Sachebene. Dazu eine humorvolle und dennoch sinnige Frage: Wo begegnen sich Eisberge zuerst? – Die Antwort: unten!

Die unbewusste Ebene entscheidet

Die unbewussten Abläufe geschehen innerhalb kürzester Zeit, und wir können sie nur minimal beeinflussen. Das bedeutet auch, dass Ihr Gegenüber sofort spürt, wenn Ihre Freundlichkeit und Ihr Interesse unecht sind und Sie sich nur verstellen, um gut anzukommen. Hier zeigt sich, wie es um Ihre wahre Einstellung steht. Bemühen Sie sich ehrlich um den Erfolg Ihrer Kunden, und Ihre Kunden werden sich um Ihren Erfolg bemühen.

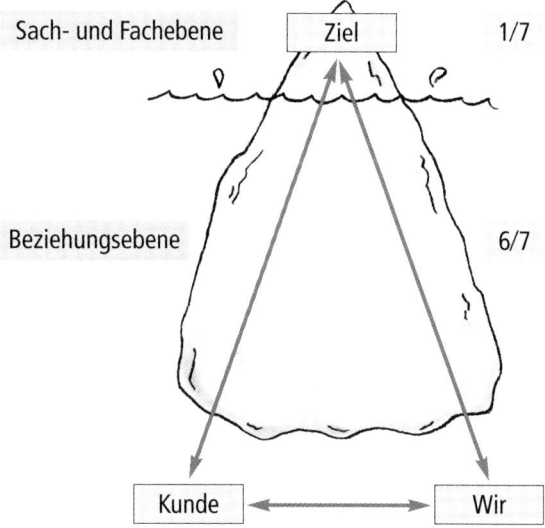

10 Tipps zur effektiven Begrüßung

Zusammenfassung

1. Gehen Sie auf natürliche Weise, offen und mit einem freundlichen Lächeln auf Ihren Gesprächspartner zu!
2. Halten Sie von Anfang an guten Blickkontakt!
3. Nutzen Sie den richtig dosierten Händedruck, um aufrichtig und selbstbewusst aufzutreten!
4. Setzen Sie auch die Körpersprache – Mimik, Gestik und Körperhaltung – ein!
5. Nehmen Sie den Kunden durch geschickt gewählte Kleidung und Accessoires – Ihrem Typ und dem Anlass entsprechend – für sich ein!
6. Prägen Sie sich gleich zu Beginn den Kundennamen gut ein und verwenden Sie ihn im Gespräch!
7. Fragen Sie ruhig mehrfach nach, wenn Sie den Namen nicht richtig verstanden haben oder die Schreibweise unklar ist!
8. Schaffen Sie eine angenehme Atmosphäre für das Kundengespräch!
9. Laden Sie Ihren Kunden zum Essen ein! Ein Anlass findet sich immer.
10. Seien Sie sich klar darüber, dass die unbewusste Beziehungsebene weitaus bedeutender für den Gesprächsausgang ist als die bewusste Sachebene!

4. Gesprächseinstieg

Bis jetzt haben wir uns schon bis zur Begrüßung vorgearbeitet. Nun kommt der Einstieg in das eigentliche Verkaufsgespräch. Je größer die gegenseitige Sympathie nach der Begrüßung ist, umso leichter ist der Einstieg ins Verkaufsgespräch. Auch jetzt sollten Sie immer noch bestrebt sein, einen positiven Draht zum Kunden herzustellen.

Der Einstieg in das Verkaufsgespräch setzt sich aus zwei Komponenten zusammen: der persönlichen Kontaktaufnahme und der Eröffnung des Fachgesprächs.

Persönliche Kontaktaufnahme

Viele Verkäufer tun sich schwer damit, die Überleitung von der Begrüßung zum eigentlichen Verkaufsgespräch zu finden. Um zwanglos ins Gespräch zu kommen, sind alltägliche Themen (Wetter, Sport, Reisen, Filme, Kinder, Garten usw.) gut geeignet, die Sie ganz spontan und intuitiv wählen. Ja, Smalltalk ist angesagt! Nun kann es sein, dass Sie nach einer Weile unruhig werden. Da plaudern Sie gerade so schön über den Urlaub, und dabei sollten Sie ja so langsam zur Sache kommen – stopp! Wenn es Ihrem Kunden sichtlich gefällt, mit Ihnen über ein gemeinsames Urlaubsziel zu plaudern, dann setzen Sie dies tunlichst noch ein Weilchen fort. Denn dieser Teil des Gesprächs dient der persönlichen Kontaktaufnahme und ist überaus wichtig. Smalltalk ist Beziehungsarbeit!

Smalltalk

Bei einem Altkunden geschieht dies sowieso meist in dem unausgesprochenen gegenseitigen Einverständnis, dass der

Kunde Ihnen den gewohnten Auftrag gibt. Was aber tun Sie, wenn Sie für Ihren Kunden dieses Mal ein ganz besonderes Angebot haben und darauf brennen, es zu unterbreiten? Oder wenn Sie einen neuen Kunden besuchen, dem Sie nicht die Zeit stehlen wollen? Und bei aller Liebe – was denkt sich der Kunde, wenn sich schon das Vorgeplänkel eine halbe Stunde hinzieht und Sie nicht auf den Punkt kommen? Er wird womöglich denken: „Der braucht wohl den ganzen Tag! So lange habe ich aber nicht Zeit! Mal sehen, wie ich ihn schnell wieder loswerde."

Interesse bekunden und geduldig sein

Sie fassen sich in Geduld und nehmen sich auf jeden Fall ausreichend Zeit für den Kunden, gehen auch auf (scheinbare) Belanglosigkeiten ein und schaffen so die Grundlage für ein angenehmes Verkaufsgespräch. Sie erhöhen durch passende Interessensbekundungen die eigene Glaubwürdigkeit und vermindern zugleich mögliche Widerstände des Kunden. Ziehen Sie andererseits den Verkaufsprozess auch nicht unnötig in die Länge. Und vor allem: Achten Sie auf Signale des Wohlbefindens bzw. der Ungeduld bei Ihrem Kunden.

Stellen Sie Gemeinsamkeiten in den Mittelpunkt und bauen Sie darüber eine Beziehung auf. Vertiefen Sie den persönlichen Kontakt, indem Sie z. B. über gemeinsame Bekannte oder gemeinsame Interessen sprechen.

Keine Diskussion über abweichende Meinungen

Nun kann es vorkommen, dass ein Kunde eine Meinung vertritt, die Sie nicht teilen. Es wäre unangebracht, jetzt eine Diskussion mit dem Kunden zu beginnen und ihn unbedingt von Ihrer persönlichen Meinung überzeugen zu wollen. Zeigen Sie vielmehr Interesse für seinen Standpunkt! Lassen Sie sich vom Kunden erklären, wie er zu seiner Meinung kommt, bringen Sie ihm Verständnis entgegen.

Wie bereits in Kapitel 1 zum Thema Vorbereitung hervorgehoben, ist es wichtig, so viel wie möglich von einem Kunden zu wissen. Dieses Wissen wird nun wieder beim Einstieg ins Verkaufsgespräch eingesetzt. Falls es sich um einen bestehenden Kunden handelt, zeigen Sie ihm, dass er bei Ihnen im Kopf gespeichert ist, indem Sie Erfahrungen der bisherigen Zusammenarbeit mit ihm besprechen und loben. Dann ist die Zeit gekommen, erstmals nachzufragen, welchen Wunsch Sie dem Kunden heute erfüllen können.

Wissen über den Kunden nutzen

Überhaupt sind bei der persönlichen Kontaktaufnahme Fragen wesentlich, zumal bei einem Neukunden. Jede Frage beweist dem Käufer, dass Sie Interesse an seiner Person wie auch an seinen Wünschen und Vorstellungen haben. Bekunden Sie Verständnis für die vorgetragenen Wünsche, und nutzen Sie die Gelegenheit, um die persönlichen Leistungen des Kunden anzuerkennen.

Fragen stellen

Wenn Sie darüber hinaus zu diesem Zeitpunkt Ihren Kunden durch ein kleines Geschenk oder eine kleine kostenlose Dienstleistung erfreuen – beides unabhängig davon, ob er später bei Ihnen kauft oder nicht –, rundet dies die persönliche Kontaktaufnahme erfolgreich ab.

Eröffnung des Fachgesprächs

Durch einen geschickten Schwenk – vielleicht nach einem Moment des Schweigens – lenken Sie die Aufmerksamkeit des Kunden auf den Gegenstand des Verkaufsgesprächs und finden so den Einstieg in das Fachgespräch. Schlagen Sie hier unbedingt den Bogen zur Person des Kunden, z. B. mit folgenden Überleitungssätzen: „Sie sagten mir am Telefon, dass Sie nach einer Problemlösung für … suchen …", „Ich weiß, dass Sie sich für … interessieren …", „Sie sind heute zu mir gekommen, um sich … anzusehen."

Zielorientierte Gesprächsführung

Bei der Eröffnung des Fachgesprächs beginnt die zielorientierte Gesprächsführung. Der Kunde möchte schon am Anfang des Verkaufsgesprächs genau wissen, mit wem er es zu tun hat. Genauso, wie Sie wissen wollen, mit wem Sie es zu tun haben, will es der Kunde auch. Stellen Sie sich kurz persönlich vor, nachdem Sie Ihren Namen genannt haben; geben Sie dabei auch Ihre Funktion/Ihre Position an, und finden Sie ein paar Worte, um Ihre Firma zu präsentieren.

Auf das Produkt hinlenken

Nun können Sie sehr gut an die zuvor geäußerten Kundenwünsche anknüpfen und von Erfahrungen anderer Kunden mit dem Produkt berichten. Sie können sich auf eine Empfehlung oder einen gemeinsamen Kontakt beziehen, dem Kunden ein Schaustück zeigen oder Analyseergebnisse wissenschaftlicher Untersuchungen vorlegen. Auch eine Neuigkeit aus der Branche (Vorsicht bei Interna, die nicht für die Öffentlichkeit bestimmt sind!) kann Ihnen Gehör verschaffen. Ebenso eine allgemeine Nutzenaussage, die das Vertrauen zu Ihrem Produkt/Ihrer Dienstleistung fördert.

Zeigen Sie Ihrem Kunden z. B. einen Brief, den Sie von einem zufriedenen Kunden erhalten haben, und erklären Sie, dass Sie dieses Produkt speziell an Kundenbedürfnisse angepasst haben. Wenn Sie weiter erzählen, wie das geschehen ist – z. B. indem 40 % der üblichen Entwicklungskosten im Kundenunternehmen eingespart werden konnten –, und dann die Brücke zu Ihrem Kunden schlagen, hängt dieser mit Sicherheit an Ihren Lippen. Eine Aussage kann z. B. lauten: „Ich glaube, dass ein entsprechendes Resultat auch in Ihrem Unternehmen möglich ist." Um den Kunden zu einer Antwort zu bewegen, fragen Sie abschließend: „Darf ich einige Fragen stellen, um herauszufinden, wie Sie von dieser Möglichkeit ebenfalls profitieren könnten?"

Aufmerksamkeit gewinnen

Wie erreicht man Aufmerksamkeit? Man stellt eine Frage oder trifft eine Aussage, die den Kunden fordert, die ihn bewegt, die ihn zum Nachdenken bringt! Hier die optimale Frage/Aussage zu finden, ist zugegebenermaßen nicht ganz einfach. Um Ideen für diese Frage zu gewinnen, stellen Sie folgende Überlegungen an:

▓ Gibt es eine Person oder mehrere Personen, die wir beide kennen? Wenn ja, haben Sie schon einen Einstieg. Zum Beispiel: „Sie treffen sich doch mit Herrn X regelmäßig zum Sport?" Der Kunde spitzt die Ohren und denkt sich: „Woher weiß der das denn? Ich muss ihm schon wichtig sein, wenn er sich diese Information gemerkt hat."

                                                        Aussagen, die den Kunden fordern

▓ Habe ich eine Produktneuheit parat, die den Kunden interessiert und ihn „vom Hocker reißt"? Wählen Sie diesen Einstieg nur, wenn Sie die Interessen des Kunden kennen. Stellen Sie sich vor, der Kunde kauft in Ihrem Geschäft eine Stereoanlage und einige Zeit später exklusive Lautsprecherboxen. Aus diesen beiden Produkten schließen Sie, dass er Musikliebhaber sein muss. Es wäre nun völlig unpassend, ihm zum Einstieg mitzuteilen: „Übrigens: Es gibt jetzt eine neue Waschmaschine, die nur 40 Liter Wasser verbraucht." Diese Aussage können Sie besser dann machen, wenn eine Familie Ihr Geschäft betritt, die vor ein paar Monaten einen Wäschetrockner gekauft hat. Bei dem Musikliebhaber erhalten Sie eher Aufmerksamkeit, wenn Sie ihm die neuesten Daten eines CD-Players für sein Auto mitteilen.

▓ „Kann ich von einer technischen Neuerung berichten?" Nutzen Sie diesen Gesprächseinstieg aber bitte nur dann, wenn Sie ganz sicher sind, dass Ihr Gegenüber ein Technikfreak oder in dieser Branche tätig ist. Fachsimpeln Sie mit Ihrem

Kunden über Marktneuheiten: „Haben Sie schon die Produktpalette des neuen Anbieters XY gesehen? Was halten Sie denn von diesem Design?"

■ Hat der Kunde eine besondere fachliche Kompetenz auf einem ganz speziellen Gebiet oder einen außergewöhnlichen Beruf? Ist er z. B. Radiomoderator? Wenn ja, dann können Sie den Einstieg schaffen, indem Sie ihm zu seinem Spezialgebiet oder seinem Beruf eine Frage stellen oder ihm sagen, dass Sie jeden Tag seine Sendung im Radio verfolgen.

Den Kundennutzen herausstellen

Sie haben sich schon während der Vorbereitung Gedanken über den Kundennutzen gemacht. Jetzt können Sie den wichtigsten Punkt nennen, z. B.: „Dieses Modell verbraucht nur X Kilowatt bei einer Kochwäsche!" Oder: „Wenn Sie Ihre Gehaltsabrechnungen von unserer Firma machen lassen, sparen Sie pro Monat X Euro ein."

Gerade bei unentschlossenen Kunden, die nicht wissen, was sie wann und ob sie überhaupt etwas kaufen wollen, ist es wichtig, sehr früh den Hauptnutzen klar zu kommunizieren. Der Kunde denkt somit als Erstes an seine Ersparnis und weniger an die Geldausgabe. Etwas Grundsätzliches zur Wortwahl: Ein Produkt kostet nie Geld, es ist immer eine *Investition!* Sie wissen über Ihre Angebotspalette gut Bescheid und demnach auch, welchen Nutzen dieses oder jenes Produkt bietet. Passen Sie die Gesprächseröffnung jedem Kunden individuell an.

Legen Sie sich die passenden Formulierungen zurecht, und zwar in folgenden Varianten: für den Fall, dass Ihr Gegenüber

■ ein völlig Unbekannter für Sie ist,

■ jemand ist, den Sie flüchtig kennen, dessen Gesicht Sie

vielleicht schon ein paarmal gesehen haben, dessen Namen Sie aber nicht kennen,
- ein Kunde ist, der schon einmal bei Ihnen gekauft hat,
- ein Stammkunde ist, der regelmäßig vorbeischaut.

Dabei ist Ihr Ziel immer, den individuellen Kundennutzen attraktiv herauszustellen.

Haben Sie schon einmal das Leuchten in den Augen eines Kindes gesehen, wenn unter dem Weihnachtsbaum genau das Geschenk liegt, das es so heiß ersehnt hatte? Wenn Sie ein solches Leuchten in den Augen Ihres Kunden sehen, haben Sie die Stufe der Initialzündung erreicht. Dann haben Sie etwas gefunden, was ihn wirklich anspricht. Mit gespanntem Interesse wird er im weiteren Gespräch voll dabei sein und Ihren Ausführungen folgen.

Leuchten in den Augen

Eine Zwischenfrage an den Kunden, ob er bis jetzt mit dem Gesprächsverlauf und den präsentierten Tatsachen einverstanden ist, kann niemals schaden. Die Reaktion zeigt Ihnen, ob der Käufer „bei der Sache" ist. Ausschlaggebend ist, ob es Ihnen gelingt, Ihren Kunden zu fesseln. Wenn er aus lauter Langeweile abschaltet, haben Sie es schwer, ihn zu einem späteren Zeitpunkt wieder in das Gespräch einzubinden.

Zwischenfragen stellen

Mit dem Kunden auf einer Ebene

Ein Kunde fühlt sich am wohlsten, wenn er mit dem Verkäufer auf einer Ebene ist und sich daher verstanden fühlt. Beispielsweise hätte ein Landwirt bestimmt Schwierigkeiten bei einem gelernten Bürokaufmann, der im feinen Zwirn und ohne die geringste Ahnung vom Fach ankommt, Futtermittel für seine Schweine zu kaufen. Ein Verkäufer, der ebenfalls aus der Landwirtschaft kommt, kann viel eher damit rechnen, dass sein Kunde Vertrauen in die angebotenen Produkte setzt. Er kann fachkompetent beraten und viel leichter zum Abschluss kommen. Ein anderes Beispiel: Würden Sie sich in einem Geschäft für „Mode für große Größen" bei einer Verkäuferin, die Kleidergröße 36 trägt, gut aufgehoben fühlen?

Vertrauen gewinnen

Entscheidender Faktor

Wissen Sie, wie wichtig das Vertrauen Ihres Kunden ist? Es ist ein entscheidender – wenn nicht der entscheidende – Faktor in einer Beziehung zwischen Kunde und Verkäufer. Nur wenn Ihr Kunde Ihnen vertraut, wenn er sich sicher ist, dass Sie ihm das für ihn beste Produkt anbieten und verkaufen, wird er später dem Geschäft beruhigt zustimmen.

Eine langfristige Geschäftsbeziehung, in der beide Seiten darauf vertrauen können, dass man miteinander Geschäfte zum beiderseitigen Nutzen macht, bedarf keiner besonderen vertrauensbildenden Maßnahmen mehr. Hier geht es allerdings sehr wohl darum, dieses Vertrauen immer wieder zu rechtfertigen.

Versprechen einhalten

Anders hingegen ist es bei einem Neukunden, der ja noch nicht wissen kann, wie Sie als Verkäufer agieren. Da bleibt Ihnen nur eine Möglichkeit, nämlich durch absolute Zuverlässigkeit das Vertrauen des Kunden zu gewinnen. Was auch immer Sie zusagen, werden Sie auch einhalten. Überlegen Sie deshalb bitte vorher genau, was Sie versprechen. Oftmals ist es sehr leicht, etwas zuzusichern, dennoch sollten Sie stets daran denken, dass Sie nachher auch alles in die Wirklichkeit umsetzen müssen.

Gehen Sie doch einfach mal von Ihren Erwartungen aus, wenn Sie in der Rolle des Käufers sind: Wollen Sie da nicht auch kompetent und zuverlässig beraten werden? Wenn Sie zu Hause merken, dass die Aussagen des Verkäufers zwar genial waren, aber mit der Wirklichkeit nichts gemein haben, fühlen Sie sich doch auch „übers Ohr gehauen" und betrogen. Sicher wollen Sie ein solches Gefühl auf keinen Fall bei Ihren Kunden hervorrufen.

Wenn Sie für sich das beruhigte Gefühl haben, dass Sie keine leeren Versprechungen machen, sondern Zusagen einhalten, wird das auch für Ihr Gegenüber spürbar sein. Unter Umständen können Sie ausdrücklich darauf hinweisen, wie wichtig Ihnen die langfristige Kundenzufriedenheit ist.

10 Tipps zum effektiven Gesprächseinstieg

1. Stellen Sie sich und Ihre Firma kurz vor, damit der Kunde sich ein Bild machen kann, mit wem er es zu tun hat!
2. Sehen Sie Smalltalk als wichtiges Element des Gesprächseinstiegs!
3. Fördern Sie den persönlichen Kontakt gleich zu Beginn durch ein kleines Geschenk oder einen kleinen kostenlosen Service!
4. Suchen Sie im Gesprächseinstieg nach Gemeinsamkeiten und vermeiden Sie kontroverse Themen!
5. Finden Sie für den Einstieg in das Fachgespräch einen Aspekt, der den Kunden wirklich interessiert!
6. Stellen Sie eine Frage oder machen Sie eine Aussage, die den Kunden zum Nachdenken anregt!
7. Nennen Sie schon sehr früh einen wichtigen Kundennutzen, um die volle Aufmerksamkeit zu bekommen!

Zusammenfassung

8. Schauen Sie genau hin: Wenn die Augen des Kunden leuchten, haben Sie das Richtige für ihn!
9. Ihre Wortwahl macht den Unterschied: Sprechen Sie von lohnender Investition statt von Geldausgabe!
10. Gewinnen Sie das Vertrauen des Kunden durch Zuverlässigkeit und Glaubwürdigkeit. Keine falschen Versprechungen!

5. Bedarfsanalyse

Die Bedeutung der Analyse wird ein Verkäufer erst dann richtig verstehen, wenn er ein Geschäft nicht abschließen konnte und genau überlegt, woran es gelegen haben könnte. Oft wird er dann feststellen, dass er gar nicht genau wusste, was der Kunde wirklich braucht, was sein Herz begehrt, wo er dringenden Handlungsbedarf hat. Woran also lag es? Eben an einer mangelnden Analyse!

Nachdenken über geplatzten Geschäftsabschluss

Eigenmotivation (schließlich ist Verkaufen ja genau das, was er gerne tut!), Begrüßung (die Atmosphäre stimmte!) und Gesprächseinstieg (optimale Gesprächseröffnung) klappten perfekt. Aber anschließend kam ein Fehler, den viele Verkäufer machen, nämlich zu schnell das Angebot zu präsentieren – voller Überzeugung von hervorragender Qualität und außergewöhnlichem Nutzen. Das ist schön und gut, vorausgesetzt, das Angebot entspricht überhaupt dem Bedarf des Kunden. Und genau diesen gilt es in der Analysephase erst einmal zu entdecken, näher kennen zu lernen oder gar zu wecken.

Entsprach das Angebot dem Bedarf?

In der Analyse geht es darum, den Bedarf des Kunden zu erkennen.

Erst wenn Sie die entscheidende Rolle von Fragen im Analyseprozess verstehen, die verschiedenen Fragearten kennen, gezielt einsetzen und durch passende Fragen die nötige Information vom Kunden erhalten, haben Sie den Dreh heraus. Dann liefert Ihnen nämlich Ihr Kunde genau die Informationen, die Sie für eine erfolgreiche Präsentation brauchen.

Das Herzstück des Verkaufs

Den Bedarf zu analysieren und damit den Bedarf des Kunden überhaupt erst einmal klar herauszuarbeiten – das ist das Herzstück des Verkaufs.

Ziel für den Verkäufer ist es, wichtige Informationen zu gewinnen über Hauptinteresse, Kaufkriterien, sonstige Überlegungen des Kunden (Wo will er hin? Was ist sein Ziel? Was ist sein Traum?) und seine dominierenden Kaufmotive. Sie führen den Kunden überdies zum besseren Verständnis seines eigenen Bedarfs.

Wenn Sie Ihre Kunden fragen, was sie wollen und brauchen, dann werden Sie merken, dass Kunden oft nur ein verschwommenes Bild von ihrem Bedarf haben. Durch Ihre Fragen wird dieses Bild für beide Seiten klarer.

Geschickt Fragen stellen
Der Verkäufer muss geschickt Fragen stellen, um alle wesentlichen Informationen zu erhalten. Dann kann er mit seinem Angebot punktgenau das Kundeninteresse und den Kundenbedarf treffen bzw. bestimmte Produktvorteile gezielt hervorheben. Die zentrale Information in diesem Zusammenhang ist der ganz persönliche Gewinn, den sich der Käufer durch dieses Produkt oder diese Dienstleistung verspricht.

Den angestrebten Gewinn entlocken Sie dem Kunden am einfachsten, indem Sie ihn seine Traumvorstellung selbst schildern lassen. Fragen Sie zum Beispiel: „Wie würde denn die Situation nach dem Kauf für Sie idealerweise aussehen?" Wenn Sie im weiteren Verlauf des Verkaufsgesprächs in der Lage sind, diese Träume immer mehr reale Gestalt annehmen zu lassen, steht dem späteren Abschluss nichts mehr im Wege.

Der Kunde will Beratung

Selbst wenn der Kunde konkret weiß, was er will, möchte er dennoch umfassend beraten oder in seiner Entscheidung bestätigt werden. Deshalb ist auch hier eine Bedarfsanalyse sinnvoll.

Stellen Sie sich folgende Situation vor: Ein Kunde betritt ein Textilgeschäft und sagt: „Ich möchte einen schwarzen Anzug in Größe 52!" Der Verkäufer geht zum Ständer, greift einen schwarzen Anzug, kehrt zum Kunden zurück und meldet: „Hier haben Sie einen schwarzen Anzug in Ihrer Größe!" Der Kunde probiert ihn an, er passt wie maßgeschneidert, dennoch kauft er diesen Anzug nicht. Sie fragen sich, wieso. Wie würden Sie an seiner Stelle reagieren? Wären Sie zufrieden und würden Sie kaufen? Nein! Sie würden trotz des tollen Anzugs denken: „Der Anzug ist zwar ganz schön, aber vielleicht gibt es in einem anderen Geschäft einen noch besseren. Ich habe ja gar keinen Vergleich und der Verkäufer hat mich gar nicht beraten."

Beratung ist notwendig …

Bleiben Sie gedanklich noch einen Moment in der Rolle des Käufers. Sie betreten ein anderes Geschäft, verlangen auch dort nach einem schwarzen Anzug. Der Verkäufer fragt nach, für welche Gelegenheit der Abzug sei – ob für eine Hochzeitsfeier, die Freizeit oder fürs Büro –, ob Sie eine enge oder weitere Schnittführung bevorzugen, ob Sie sich schon für ein bestimmtes Material entschieden haben etc. Selbst wenn Sie sich im Endeffekt für denselben Anzug entscheiden, haben Sie nun ein besseres Gefühl und sind zufriedener, denn Sie sind nun sicher, alles bedacht zu haben, und können Ihre Investition sich selbst gegenüber besser rechtfertigen.

… Auswahl ebenso

Fragen, Fragen, Fragen

Wie schon gesagt: Bedarf und Kundenwunsch können Sie nur auf eine einzige Art und Weise entdecken: indem Sie Fragen stellen.

Schauen wir uns das Verkaufsgespräch im Textilgeschäft einmal näher an. Bevor der Verkäufer einen Anzug präsentiert, ist es notwendig, so viel wie möglich über den Kunden zu erfahren. Das geschieht über Fragen, z. B. für welchen Anlass er den Anzug braucht.

Ein Hinweis Bevor Sie beginnen zu fragen, holen Sie die Erlaubnis des Kunden ein, Fragen stellen zu dürfen. Sonst denkt er sich: „Der ist aber neugierig", „Der fragt mich aus", „Was geht denn den das an? Dem sage ich jetzt gar nichts mehr!" Fragen Sie also: „Ist es Ihnen recht, wenn ich Ihnen ein paar Fragen stelle, um herauszufinden, was für Sie wichtig ist?"

W-Fragen stellen Wenn der Kunde zustimmt, stellen Sie ihm die W-Fragen (wer, wie, was, wofür, wie viel usw.) und lassen Sie sich vom Kunden möglichst viel erzählen. So können Sie Ihr Gegenüber besser einschätzen und seine Wünsche erkennen.

Zeigen Sie dem Kunden, wenn nötig, auch Problemfelder auf. Der Kunde wird dadurch Probleme erkennen und eine Lösung anstreben. Er wird Sie um eine Lösung bitten, und Sie sind in der Lage, als Problemlöser aufzutreten. Damit sind Sie aus der Situation befreit, den Kunden mühevoll überzeugen zu müssen. Der Kunde weiß nun selbst, dass er die Lösung/das Produkt/die Dienstleistung braucht.

Bereiten Sie sich auf die Bedarfsanalyse in Ihren Verkaufsgesprächen vor. Denken Sie an Ihre Firma, Ihr Geschäft und Ihre Produkte.

Welche W-Fragen sind für Sie/für Ihren Bereich relevant? Was müssen Sie von einem Kunden wissen, um ihn kompetent beraten zu können? Stellen Sie eine Liste der für Sie wesentlichen W-Fragen zusammen.

Formulieren Sie nun Fragen, die den Kunden auf Probleme hinweisen, wie z. B.: „Welche Schwachpunkte gibt es in Ihrer Produktion?"

Fragearten

Formulieren Sie Fragen, die den Kunden auf die Bedeutung des Produkts für seine Firma hinweisen, z. B. „Welchen Nutzen kann Ihnen unser neues Produkt bringen?" oder „Was würde sich in Ihrer Firma ändern, wenn Sie dieses Produkt einsetzen würden?".

Formulieren Sie Fragen, bei denen der Kunde die Verbesserung seiner persönlichen Situation durch das Produkt sieht, wie z. B.: „Wo sehen Sie sich in einem Jahr, wenn Sie mit dem Produkt die und die Aufgabe lösen?"

Die folgenden Fragetechniken helfen Ihnen, Ihre Fragen so zu stellen, dass Sie zielführend sind.

So genannte schließende Fragen, für deren Beantwortung Ihrem Kunden nur die Antwort Ja oder Nein bleibt, sind hilfreich für Sie, wenn Sie eine Entscheidung brauchen.

Schließende Fragen

Auf öffnende Fragen hingegen, die mit „Was? Warum? Wie? Welche? Weshalb?" beginnen, wird Ihnen der Kunde ausführlicher antworten. Er wird Ihnen dadurch mitteilen, was ihn wirklich bewegt. Und Sie können Ihren Kunden daraufhin gut beraten.

Öffnende Fragen

Offene Fragen, die eingeleitet werden von „Wer? Wo? Wie viel? Wann? Wohin?", sind fokussierend. Hier gibt es meist etwas kürzere Antworten. Solche Fragen sind häufig Informationsfragen, die so heißen, weil sie konkrete Informationen abfragen. Beispiel: „Bis wann brauchen Sie die Lieferung?"

Alternativfragen Schließlich haben Sie noch die Möglichkeit, Alternativfragen zu stellen. Hier hat der Kunde dann die Wahl, zwischen A und B (und vielleicht noch C) zu wählen. Die Frage würde z. B. lauten: „Soll die Anzugfarbe eher hell oder eher dunkel sein?"

Bei allen Fragetypen ist eines ausschlaggebend:

> **Ihr Ziel muss bei jeder Frage die spätere Zufriedenheit des Kunden sein. Um ihm genau das anzubieten, was ihn zufrieden stellt, müssen Sie schließlich erst einmal wissen, was er wirklich braucht.**

Zuhören Es gibt etwas, das im Verkaufsprozess noch wichtiger ist als Fragen zu stellen: aufmerksames Zuhören! Alleine Fragen zu stellen bewirkt noch nichts, wenn Sie nicht in der Lage sind, Ihrem Kunden auch bei der Beantwortung dieser Fragen zuzuhören. Denn nur so können Sie die benötigten Informationen aufnehmen. Manchmal müssen Sie sogar zwischen den Worten zuhören, denn die Worte Ihres Gesprächspartners sind nur ein Teil seiner Botschaft.

Bemühen Sie sich um die vollständige Information, indem Sie auf alle Regungen und die durchscheinenden Gefühle achten. Konzentrieren Sie sich auf Ihr Gegenüber und lassen Sie sich durch nichts ablenken. Unterbrechen Sie Ihr Gegenüber nicht. Machen Sie sich ggf. Notizen, auf die Sie später nochmals zurückgreifen können. Begegnen Sie Ihrem

Kunden möglichst offen und vorurteilsfrei, bewerten Sie zunächst nicht und stecken Sie ihn nicht in eine Schublade, denn das behindert Sie in Ihrer Aufnahmefähigkeit.

Ein wirkungsvoller Tipp zum Schluss: Geben Sie am Ende des Gesprächs dem Kaufinteressenten eine kurze Zusammenfassung seiner Gedanken, um sicherzustellen, dass Sie ihn richtig verstanden haben. Falls nicht, hat er jetzt die Gelegenheit, zu korrigieren bzw. zu ergänzen.

Kaufmotive

Fragen sind ein wichtiges Instrument im gesamten Verkaufsprozess, sie sind ein *Muss* für die Bedarfsanalyse. Ein gründlicher Fragenkatalog ist so entscheidend für den Verkaufserfolg, weil Sie über die Antworten und Auskünfte ein umfassendes Bild von Ihrem Kunden und seiner Situation erhalten. Fragen helfen Ihnen, die Motivation Ihres Kunden zu verstehen. So erhalten Sie die Möglichkeit, anschließend mit Kreativität und Flexibilität auf die Motive einzugehen. Der Verkäufer, der Fragen stellt, ist immer in der Rolle des gründlichen Beraters (nicht des Beschwatzers) und unterstützt so den Aufbau einer guten Kundenbeziehung.

Bild des Kunden

Die fünf hauptsächlichen Kaufmotive sind:

1. Die Befriedigung der Grundbedürfnisse, die dem Überleben dienen (Nahrung, Schlaf, Wärme usw.).

Selbsterhaltung

2. Die eigene Sicherheit und die der Familie, die Absicherung des Besitzes. Im beruflichen Bereich hat es mit dem Erhalt des Arbeitsplatzes zu tun.

Sicherheit

3. Alles, was hilft, die sozialen Bedürfnisse zu befriedigen: Familie, Freunde, alles, was den Menschen leichter in

Sozialkontakte

Kontakt mit anderen treten lässt, was ihm Zugehörigkeit zu einer Gruppe verschafft.

Anerkennung 4. Dinge, die Ruhm und Status verleihen, die zu Anerkennung und Aufmerksamkeit führen; die dazu dienen, mit anderen Schritt halten zu können oder sie sogar zu übertreffen.

Selbstverwirklichung 5. Ein inneres Bedürfnis nach persönlicher Entfaltung und Weiterentwicklung; alles, was das Leben erfüllter und sinnreicher macht, im beruflichen wie im privaten Bereich. Alles, was dazu beiträgt, persönliche Potenziale auszuleben.

Nun wissen wir, dass die Menschen hin und wieder wegen eines Bedürfnisses ein anderes zurückstellen. Wenn wir uns diese Kaufmotive als übereinander angeordnet vorstellen (Selbsterhaltung ganz unten als breite Basis, Selbstverwirklichung ganz oben als Spitze), dann gilt:

Akute Bedürfnisse auf jeder Stufe blenden in der Regel die darüber liegenden Stufen aus den Interessen des Menschen aus. Weiter unten stehende Bedürfnisse haben also Vorrang.

Wissen und Unwissenheit

Viele Käufer stehen heutzutage aufgrund der enormen Wissensexplosion bei Kaufentscheidungen von hochwertigen Wirtschaftsgütern vor einer enormen Unwissenheit und Unsicherheit. Wir können das Wissen in drei Bereiche aufteilen:

- Wissen, von dem wir wissen, dass wir es haben
- Wissen, von dem wir wissen, dass wir es nicht haben

▨ Wissen, von dem wir gar nicht wissen, dass wir es nicht
wissen

Der dritte Bereich wird im Verhältnis ständig größer; er **Nichtwissen**
wächst überproportional in dem Maße, in dem sich die Zu- **wächst**
nahme des verfügbaren Wissens auf der Welt beschleunigt.
Dauerte es von 1900 bis 1950 noch 50 Jahre, bis sich das Wissen der Menschen verdoppelt hatte, so brauchte es für die
nächste Verdoppelung nur noch 10 Jahre. Heute verdoppelt
sich das Gesamtwissen in nur zwei (!) Jahren.

Gerade bei komplexen Systemen, Produkten und Dienstleistungen wird der Entscheider oftmals mit einem Wissen
konfrontiert, von dem er bis dahin nicht einmal wusste, dass
er es nicht weiß. In dem Moment, wo er das erkennt, fühlt
er sich oft total überfordert und braucht dringend Unterstützung.

Hier gilt es für die Verkäufer, nicht nur Produkte, Prozesse
und Problemlösungen zu erklären, sondern gleichzeitig auch
die nötige Wissensgrundlage zu vermitteln, damit der Kunde die Lösungen als Bedarf erkennen und bewerten kann.

10 Tipps zur effektiven Bedarfsanalyse

1. Seien Sie sich über eines im Klaren: Wer bei der Bedarfs- **Zusammenfassung**
   analyse Fehler macht, verkauft nichts!
2. Sie können Ihr Angebot nur dann auf den Kunden ab-
   stimmen, wenn Sie seinen Bedarf ganz genau kennen!
3. Holen Sie sich die Erlaubnis des Kunden, ihm Fragen stellen zu dürfen!
4. Gewinnen Sie über geschicktes Fragen ein klares Bild von
   den Kaufmotiven des Kunden und seinen Kaufkriterien!
   Sie sind die Grundlage für Ihre Präsentation und Ihre
   Beratung.

5. Finden Sie heraus, welchen Gewinn sich der Kunde vom Kauf verspricht!

6. Stellen Sie bei der Bedarfsanalyse vorwiegend öffnende Fragen, d. h. Fragen, die Ihr Gegenüber nicht nur mit Ja oder Nein beantworten kann!

7. Hören Sie bei den Antworten ganz genau hin und achten Sie auf Zwischentöne!

8. Weisen Sie den Kunden auch auf Probleme hin und haben Sie Lösungen parat!

9. Stellen Sie sicher, dass Sie die Ausführungen des Kunden richtig verstanden haben, indem Sie diese kurz zusammenfassen!

10. Betrachten Sie als Ziel all Ihres Tuns die Kundenzufriedenheit!

6. Präsentation

Nach der Analysephase gehen Sie mit großen Schritten dem nächsten Höhepunkt im Verkaufsprozess entgegen: der Präsentation. Erfolgreiche Verkäufer sind Meister im Präsentieren. Sie präsentieren nicht nur sich als Person und ihr Unternehmen, sondern überzeugen ihren Kunden durch eine gekonnte Darstellung des Produktes und/oder der Dienstleistung.

Fachlich kompetent, voller Begeisterung, manchmal sogar mit Showtalent zeigen solche Verkäufer eine Präsentation, die den Kunden in Erstaunen versetzt. Sie bieten unverwechselbare Lösungen für das Hauptinteresse und die Kaufmotive und setzen dazu wirkungsvolle Präsentationsmethoden ein, die die Produktvorstellung zu einem Genuss für den Käufer machen. **Wirkungsvolle Präsentation**

Das mühsame und ermüdende Aufzählen von Produktmerkmalen, Produktvorteilen und allgemeinen Werbeaussagen weicht einer lebendigen, kurzweiligen und käuferbezogenen Präsentation. Der Verkäufer nimmt mit seiner lockeren Art den Druck aus dem Verkaufsgespräch.

Bei aller Showqualität der Präsentation haben natürlich die Wahrhaftigkeit und Glaubwürdigkeit allerhöchste Priorität. Beides wird der Verkäufer nach dem Abschluss unter Beweis zu stellen haben. Wenn hinter der schillernden Fassade kein vernünftiges Produkt und kein guter Service stehen, führt dies allerhöchstens zu einem einzigen Verkauf. **Glaubwürdigkeit**

Der Verkäufer als Problemlöser und Prozessbegleiter

Nutzenstrategie Alles im Verkauf dreht sich darum, die Probleme des Kunden zu lösen. Lassen Sie mich dies am einfachen Beispiel eines Schraubenziehers erläutern. Warum kauft ein Mensch einen Schraubenzieher? Doch nicht, weil der Schraubenzieher ein Schraubenzieher ist, sondern weil es ein Problem gibt – eine lockere Schraube –, das man mit dem Schraubenzieher lösen kann. Dabei reicht es jedoch nicht aus, dem Kunden zu erzählen, man habe die Lösung für das Problem. Wesentlich effektiver ist es, dabei mit der Nutzenstrategie vorzugehen. Das bedeutet, dem Kunden aufzuzeigen, dass er nie mehr eine lockere Schraube haben wird, wenn er erst einmal stolzer Besitzer eines Schraubenziehers ist.

Wesentlich ist dabei auch noch, einzigartige Lösungen anzubieten (Sie haben Schraubenzieher mit einem besonders ergonomisch geformten Griff, aus einem extrem harten Stahl, im praktischen Set für verschiedene Schraubengrößen usw.). Nur so können Sie sich von Mitbewerbern abheben, dessen Produkte ähnlich oder gleich den Ihren sind.

Sich von Wettbewerbern abheben Je nach Unternehmensart und Produktpalette können Sie sich von den Wettbewerbern abheben, z. B. durch

- schnelle Lieferung (z. B. heute bestellt – morgen gebracht)
- umfassenden Service (z. B. Entsorgung des Altgerätes inklusive)
- technische Unterstützung (z. B. 24-Stunden-Service-Hotline)
- komplette Installation
- Training oder Einweisung vor Ort

Ihrer Fantasie sind (fast) keine Grenzen gesetzt!

Beurteilen Sie die Attraktivität Ihres Angebots stets aus der Sicht des Kunden.

Werden Sie vom Produktverkäufer zum prozessorientierten Problemlöser, der den Kunden wirkungsvoll vom Aufdecken des Problems bis hin zur Zielerreichung – der endgültigen Lösung des Problems – unterstützt. Hier zum besseren Verständnis die aufeinander folgenden Stufen im Einzelnen, wieder anhand unseres Schraubenzieher-Beispiels:

Vom Verkäufer zum Problemlöser

- Problemsituation taucht auf, der Bedarf entsteht
  (Schranktüre fällt aus dem Rahmen!)
- Problem erkennen
  (Schraube ist locker!)
- Bedarf erkennen, Produkt kennen
  (Was fehlt, ist ein Schraubenzieher!)
- Produktanbieter kennen
  (Baumarkt!)
- Produkt auswählen und erwerben
  (Den passenden Schraubenzieher kaufen!)
- Lösung mit Produkt herbeiführen
  (Schraube anziehen!)

Je umfassender Sie den Kunden in dem Gesamtprozess betreuen, desto mehr Pluspunkte sammeln Sie. Auch wenn klar ist, dass Sie in unserem Beispiel den Kunden wohl kaum nach Hause begleiten und ihm beim Anziehen der Schraube zur Seite stehen, so wird doch das Prinzip klar. Bei komplizierten und komplexen Problemen weiß der Kunde oft gar nicht, worin für ihn eine Lösung liegen kann. Umso dankbarer wird er Ihre Beratung annehmen.

Gekonnt präsentieren

Power-Point-Präsentationen, 3-D-Animation, DVD – da schwirren einem die Schlagworte nur so im Kopf herum. Sie mögen sich fragen: Was soll ich denn damit? Ich habe meinen Kunden doch früher auch mitgeteilt, was wir Neues für ihn haben. Wozu also die ganze moderne Technik? Meine Antwort lautet: Die Zeit ist nicht stehen geblieben. In unserer multimedialen Welt sind die Ansprüche der Kunden an die Art der Produktpräsentation gestiegen. Wenn Sie im Wettbewerb bestehen und gut verkaufen wollen, werden Sie effektiv präsentieren müssen. Dazu gehört ein gewisses technisches Know-how und auch eine entsprechende Hardware. Also zögern Sie nicht, und nehmen Sie die Herausforderung mutig an!

Wie präsentiere ich in Zukunft meine Produkte? Welche Medien setze ich ein? Wie überzeuge ich meinen Kunden, dass mein Produkt genau das ist, das er braucht? Fragen über Fragen. Eines möchte ich hier unbedingt klarstellen:

> **Wie Sie persönlich auftreten und präsentieren, ist wesentlich entscheidender als alle technischen Raffinessen, mit denen Sie arbeiten.**

Fakten und Nutzen, die Sie Ihren Kunden aufzeigen, werden erst lebendig durch die Begeisterung, die Sie ausstrahlen. Und auch der individuelle Bezug zum Kunden wird durch Ihre soziale Kompetenz hergestellt. Je einzigartiger und treffender die Lösung ist und je anschaulicher und lebendiger Sie die Argumente vorbringen – je besser Sie also „Infotainment" (= Information + Entertainment) beherrschen –, desto erfolgreicher werden Sie sein.

Sie können die Atmosphäre auch durch gezielt eingesetzte Witze oder Gags auflockern oder damit sogar Interesse wecken. Aber diese Einlagen müssen gut überlegt sein. Achten Sie immer darauf, taktvoll und niveauvoll zu bleiben und nicht in ein Fettnäpfchen zu treten oder ins Plumpvertrauliche abzurutschen. Bleiben Sie Ihrer Wesensart treu. Nicht zu vergessen: Richten Sie sich auch nach Ihrem Gegenüber!

Humor

Jedenfalls gilt: Ihre eigene Begeisterung steckt an, motiviert und ist maßgeblich für Ihren Verkaufserfolg. Lassen Sie den Funken der Begeisterung auf Ihren Kunden überspringen. Achtung: Selbstverständlich muss die Strategie, die Sie im Verkaufsgespräch verfolgen, auch zu Ihrer Person passen. Sind Sie ein eher ruhiger, zurückhaltender Typ, versuchen Sie nicht, den Clown zu markieren – das geht hundertprozentig schief. Versuchen Sie lieber, Ihre Stärken gekonnt einzusetzen, dann klappt es auch mit dem Verkaufserfolg. Und nicht zuletzt: Die Art und Weise der Präsentation sollte natürlich auch dem Kunden entsprechen, getreu dem Satz: „Der Köder muss dem Fisch schmecken und nicht dem Angler!"

Sich selbst treu bleiben

Sprechen Sie in Ihrer Präsentation also vor allem von den Punkten, die Ihren Kunden interessieren, und nicht von denen, die aus Ihrer Sicht wichtig sind. Gleichgültig, mit welchem Medium: Stellen Sie Ihr Angebot anschaulich und übersichtlich dar. Entscheidungen hängen davon ab, wie sehr unser Kunde davon überzeugt ist, dass der Nutzen, den er aus dem Verkauf zieht, die Kosten übersteigt. Um komplexe Angebote nachvollziehbar und durchsichtig zu machen, ist es sinnvoll, diese in Einzelsegmente zu unterteilen (z. B. Teilleistungen mit Teilsummen). Das ist für das Verständnis und das spätere Einverständnis des Kunden hilfreich, wenn nicht sogar notwendig.

In Zeiten der allgegenwärtigen Werbung und der Reizüberflutung ist es übrigens von großem Erinnerungswert, so oft

Firmennamen oft erwähnen wie möglich den eingeführten Produkt- und/oder Firmennamen zu erwähnen, damit dieser im Gedächtnis bleibt und gleichzeitig zu einem Markennamen im Kundenkopf wird. Es gibt eine Vielzahl von Verkäufern, die im Verkaufsgespräch diese Namen kaum sagen oder von dem neutralen Überbegriff der Produkte sprechen. Machen Sie es besser:

> **Verwenden Sie so oft wie möglich Produkt- und Firmenname sowie Slogan oder Motto. Was bei Labello, Maggi, Tempo oder McDonald's geklappt hat, kann auch bei Ihrem Produkt und/oder Unternehmen funktionieren.**

Individuellen Nutzen bieten

Den Kunden überzeugen Der Kunde und nicht das Produkt steht im Mittelpunkt all Ihrer Aktivitäten als erfolgsorientierter Verkäufer. Sie müssen Ihren Kunden in mehrfacher Hinsicht überzeugen – von sich selber und von Ihrem Produkt/Ihrer Dienstleistung, oder besser gesagt: von dessen Nutzen und dem Mehrwert, den er durch ebendieses Produkt/diese Dienstleistung erhält. Ihr Kunde muss erfahren, dass Sie nicht so sind wie alle anderen, dass Sie etwas anders – besser! – machen.

Wenn Sie nur allgemeine Aussagen über Ihr Unternehmen und Ihr Produkt treffen, tun Sie nichts anderes als 1000 andere Verkäufer auch. Wundern Sie sich aber bitte dann auch nicht, wenn Sie nichts anderes bekommen als 1000 andere Verkäufer auch. Was denken Sie sich als Käufer, wenn der Verkäufer von Qualität und Service spricht? Sie denken: Na, das sagen doch alle! Interessiert es Sie nicht auch viel mehr, was Sie von dieser Qualität und dem Service haben?

Wenn Sie als Verkäufer immer den Nutzen Ihres Kunden im Kopf haben, werden Sie die Aussagen plötzlich ganz anders formulieren.

Sie werden zwar auch mit der Aussage „außergewöhnlicher Service" beginnen, doch anschließend gleich fortfahren: „Das bedeutet für Sie, dass Sie unsere 24-Stunden-Hotline nutzen können, die Ihnen bei Problemen jederzeit weiterhilft" oder „Das bedeutet für Sie, dass unser Service-Team Ihnen das Gerät nicht nur einbaut, sondern es auch gleich nach Ihren individuellen Bedürfnissen programmiert".

Schildern Sie alle Aspekte des Produkts hinsichtlich Aussehen, Geruch, Geschmack, Klang, Beschaffenheit. Lassen Sie Ihren Kunden Ihr Produkt schon im Vorfeld mit allen Sinnen erleben. Die „Speisekarten-Methode" bietet dafür ein passendes Modell. Vor jedes Substantiv gehört ein Adjektiv, um den Wert der angebotenen Speise zu erhöhen. In der Gastronomie heißt es: „gegrilltes Hendl" – oder noch besser – „knuspriges Grillhendl" statt einfach nur „Hendl". Läuft Ihnen da nicht schon das Wasser im Mund zusammen? Dies lässt sich sehr gut übertragen auf die Verkaufsaussagen in anderen Bereichen.

Speisekarten-Methode

Kennen Sie den Sales-Burger? In der Präsentationsphase wird viel zu viel über Produkt- oder Dienstleistungseigenschaften und -vorzüge gesprochen, jedoch nur ganz wenig über den daraus entstehenden Nutzen. Dabei ist der Nutzen doch der Kern der Botschaft, das Fleisch des Sales-Burgers. Fakten und Eigenschaften sind die untere Brötchenhälfte, die Beweisführung die obere.

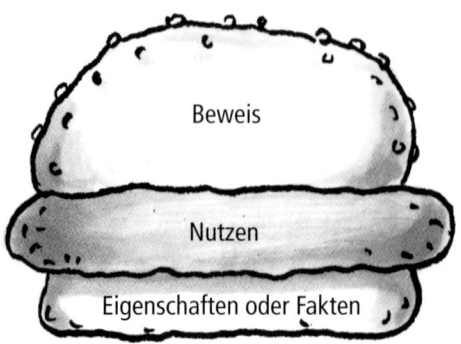

Die Kraft der Sprache

Behauptungen als Nutzenaussagen sind zunächst einmal Behauptungen. Wenn
Fragen formulieren wir Behauptungen hören, folgt unser Gehirn einem einfachen Mechanismus. Wir prüfen immer sogleich den Wahr-
heitsgehalt. Ist ein Satz hingegen so formuliert, dass die
eigentliche Hauptaussage als richtig vorausgesetzt wird, wird
vom Zuhörer nicht mehr die Aussage, sondern nur – wenn
überhaupt – die Folgerung daraus in Frage gestellt.

Wenn Sie also als Behauptung in den Raum stellen: „Sie
sparen bei diesem Produkt viel!", wird der Kunde diese Behauptung automatisch anzweifeln. Sagen Sie stattdessen: „Ist
Ihnen aufgefallen, wie viel Sie bei diesem Produkt sparen?"
Dann denkt der Kunde darüber nach, welche Summe sich
wohl einsparen lässt. Statt „Unser Unternehmen unterscheidet sich deutlich von den Mitbewerbern!" sagen Sie also:
„Wussten Sie, was unser Unternehmen von den ganzen Mitbewerbern deutlich unterscheidet?" In diesem Fall überprüft
der Kunde, ob er das schon wusste, und denkt nicht über
die Richtigkeit der Grundaussage nach. Diese wird still-
schweigend als korrekt angenommen.

Oder Sie nutzen das Prinzip der Tatsachenreihe mit Schlussfolgerung. Hier reihen Sie zunächst zwei bis drei unbestreitbare wahre Fakten aneinander und leiten dann daraus eine Schlussfolgerung ab, die plausibel erscheint und damit ebenfalls als Tatsache betrachtet wird. Beispiel: „Dieses Modell hat einen niedrigen Spritverbrauch. Es bietet Ihnen reichlich Stauraum. Viele Extras sind bereits im Grundpreis enthalten. Deshalb ist dieses Auto für Sie genau das Richtige!"

Tatsachenreihe mit Schlussfolgerung

Worte, die nur vage bleiben, helfen Ihnen im Verkaufsgespräch nicht weiter. „Man müsste", „man könnte eigentlich", „vielleicht sollten Sie" oder ähnlich schwammige Formulierungen bescheren Ihnen nicht die gewünschte Glaubwürdigkeit. Deshalb hier einige Tipps, wie Sie schon durch Wortwahl und Ausdrucksweise Stärke zeigen und Behauptungen zu Tatsachen werden lassen:

Ersetzen Sie das allgemeine „man" durch „Sie", „ich", „wir" (jeweils in allen Formen, also auch „Ihre", „meine", „unsere") oder den Namen und machen Sie damit die Aussagen personenbezogen, spezifisch und direkt.

A. Personifizierung der getroffenen Aussagen

Statt „Mit diesem Stift kann man schreiben" sagen Sie: „Mit diesem Stift können Sie schreiben", und noch besser: „Mit diesem Stift können Sie Ihre Gedanken auf Papier bringen."

Beispiel

Wer Anti-Wörter vermeidet, bekommt eine eindeutige und positive Sprache und vermeidet Hürden und Fallstricke. Um überzeugend zu sprechen und zu verhandeln und um eine starke Wirkung zu erzielen, streichen Sie nachfolgende Wörter am besten gleich aus Ihrem Sprachgebrauch:

B. Vermeiden von Anti-Wörtern

- *Eigentlich:* „Es ist eigentlich ein zuverlässiges Gerät" wird zu „Es ist ein zuverlässiges Gerät!"
- *Würden/könnten/sollten* (alle Konjunktivformen): „Es wäre möglich, dass wir Ihnen bei der Installation helfen" wird zu „Wir werden Ihnen bei der Installation helfen!"

▨ *Aber:* Ein Aber im Nebensatz hebt die Aussage im Hauptsatz auf! „Das Produkt hat für Sie einen großen Nutzen, aber es ist teuer" wird zu „Das Produkt hat für Sie einen großen Nutzen und die etwas höhere Investition wird sich bald bezahlt machen!"

▨ *Praktisch:* „Damit haben Sie Ihr Problem praktisch gelöst" wird zu: „Damit haben Sie Ihr Problem gelöst!"

▨ *Versuchen:* „Wir werden versuchen, Ihnen zu helfen" wird zu: „Wir werden Ihnen helfen!"

▨ *Nur:* „Ich bin nur der Verkäufer" wird zu: „Ich bin hier der zuständige Verkäufer!"

▨ *Im Prinzip:* „Im Prinzip ist alles geregelt" wird zu: „Nun ist alles geregelt!"

▨ *Möglichst:* „Wir werden möglichst bald liefern" wird zu: „Wir werden Anfang nächster Woche liefern!"

▨ *Vielleicht:* „Vielleicht haben wir den Artikel noch im Lager" wird zu: „Ich sehe sofort nach, ob wir den Artikel noch am Lager haben. Wenn nicht, können wir ihn bis übermorgen für Sie besorgen!"

Manche Begriffe können Sie durch wirkungsvolle Wörter ersetzen.

Beispiele
▨ statt *Konkurrenz* – Mitbewerber
▨ statt *Preis/Kosten* – Investition
▨ statt *billig* – preiswert
▨ statt *Vorteil* – Nutzen
▨ statt *Problem* – Thema / Aufgabe / Herausforderung

C. Begründender Sprachstil

Hier gilt es, jeder Aussage im Hauptsatz einen begründenden Nebensatz anzuhängen. Statt „Dieses Produkt ist vakuumverpackt" sagen Sie: „Dieses Produkt ist vakuumverpackt, damit das Aroma voll erhalten bleibt". Andere geeignete Konjunktionen zum Anfügen einer Begründung sind: „damit, denn, weil, deshalb, was".

Bitte formulieren Sie alle Erklärungen und Aussagen ohne Abkürzungen, Fachwörter oder Fremdwörter. Der Kunde dankt es Ihnen sehr, wenn Sie verständlich und nachvollziehbar sprechen. Insbesondere dann, wenn mehrere Entscheider an einem Tisch sitzen. So kann zum Beispiel der kaufmännische Entscheider eine andere Wissensbasis als der technische Anwender haben.

D. Verständliche Sprache

Klären Sie vor der Präsentation ab, ob der Kunde z. B. von Computern eine Ahnung hat. Ist er fit auf dem Gebiet, präsentieren Sie Ihr Produkt mit allen technischen Angaben. Gibt er zu verstehen, dass er auf diesem Gebiet nicht versiert ist, kommunizieren Sie den Nutzen und die Einsatzmöglichkeiten in einer Sprache, die auch jeder „Nicht-Informatiker" versteht.

„Die Voluminösität von Solanum tuberosum steht in quantitativer Disproportionalität zur Intelligenz der Produzenten" kann auch mit einfachen Worten ausgedrückt werden: *„Die dümmsten Bauern haben die dicksten Kartoffeln."*

Ein anderes Beispiel

Bildhaftigkeit schafft Überzeugungskraft

Glauben Sie wirklich, dass Sie Ihren Kunden durch Ihre Produktkenntnis überzeugen können? Werfen Sie ihm womöglich jede Menge Zahlen, Fremdwörter und Fachbegriffe um die Ohren, bis er überhaupt nicht mehr weiß, was er da bei Ihnen kauft? Versuchen Sie es doch lieber einmal mit bildhaften Analogien, Metaphern und Gleichnissen.

Analogien, Metaphern, Gleichnisse

- Analogien (Entsprechungen, Ähnlichkeiten)
- Vergleiche (Parallelen zwischen ungleichen Dingen)
- Metaphern (Wort oder Wortgruppe, das/die aus dem ursprünglichen Bedeutungszusammenhang in einen anderen übertragen wird; Sinnbild) und

■ Gleichnisse (kurze Erzählungen, die einen abstrakten Sachverhalt im Bild deutlich zu machen suchten) helfen, in anschaulicher und deutlicher Weise anderen etwas zu vermitteln, ohne oberlehrerhaft zu wirken.

Beispiele *Analogie: „der Mercedes unter den Produkten"*
Vergleich: „eine Festplatte, so groß wie ein Geldschein"
Metapher: „in Informationen ertrinken", „nach Wissen hungern"
Gleichnis: „Es geht eher ein Kamel durch ein Nadelöhr, als dass ein Reicher in den Himmel kommt".

Bildhafte Sprache wird besser behalten Wissenschaftler haben herausgefunden, dass eine bildhafte Sprache 80 % unseres Nervensystems im Gehirn aktiviert, während bei analytischer, abstrakter Sprache nur 7 % des Nervensystems erreicht werden. Eine bildhafte Sprache führt zu „Aha-Erlebnissen" in emotionalen und nicht bewussten Bereichen und hat deshalb eine tief gehende Wirkung und einen hohen Erinnerungswert. Analogien, Metaphern und Gleichnisse haben überdies einen hohen Aufmerksamkeits- und Unterhaltungswert. Sie entspannen den Zuhörer und erlauben, etwas mit einem Lächeln zu sagen. Komplexe Sachverhalte können allgemein verständlich illustriert werden, ohne Tiefgang zu verlieren.

Alle – ausnahmslos alle – Weisheitsbücher der Menschheit, die über Jahrtausende aktuell geblieben sind, transportieren ihre Aussagen in erster Linie über Gleichnisse. Und alle – ausnahmslos alle – großen Redner nutzen die Überzeugungswirkung von Gleichnissen. Warum nicht auch Sie?

10 Tipps zur effektiven Präsentation

1. Machen Sie sich mit modernen Präsentationstechniken und -methoden vertraut und wenden Sie sie an, wenn möglich!
2. Bei aller Technik: Ihre persönliche Begeisterungsfähigkeit und Überzeugungskraft entscheidet!
3. Treten Sie als kompetenter und souveräner Problemlöser auf!
4. Nutzen Sie den Wiedererkennungswert und die Zugkraft von bekannten Markennamen und eingängigen Werbebotschaften!
5. Sprechen Sie weniger über Produkteigenschaften als vielmehr über den Kundennutzen!
6. Sprechen Sie in positiver, klarer und eindeutiger Sprache!
7. Sprechen Sie den Kunden möglichst oft mit Sie-Formulierungen an („Sie haben folgenden Nutzen: …")!
8. Stellen Sie nicht nur Behauptungen auf, sondern liefern Sie auch die Begründungen und Beweise!
9. Geben Sie Ihrem Kunden eine bildhafte Vorstellung durch Analogien, Metaphern und Gleichnisse!
10. Einmal mehr: Versprechen Sie nur, was Sie auch halten können!

Zusammenfassung

7. Einwandbehandlung

Da war man doch schon so kurz vor dem Abschluss. Alle Schritte zuvor hatte man hervorragend gemeistert und sich so sicher gefühlt! Und dann das: Der Kunde bringt einen Einwand, und alles ist in Frage gestellt. Man fühlt sich womöglich persönlich angegriffen. Wenn das so ist, geht von da an meist alles schief. Nun wäre es völlig falsch, den Abschluss schon abzuschreiben.

> Sehen Sie Einwände aus einem anderen Blickwinkel: Der Kunde braucht nur noch ein wenig Zeit. Er braucht noch weitere Informationen, zusätzliche Beratung und Unterstützung.

Erlernbare Kunst Die erfolgreiche Einwandbehandlung ist kein Hexenwerk, sondern eine Kunst, die man sich aneignen kann! Wenn Sie gewisse Spielregeln beherrschen, können Sie Einwände entschärfen und nach der Einwandbehandlung zielstrebig eine Entscheidung herbeiführen.

Die Einschätzung von Einwänden

Ja, aber … Welcher Verkäufer ist nicht jedes Mal von neuem entsetzt, wenn ein Kunde „Ja, aber…" verlauten lässt? Selbst erfahrene Verkäufer wissen oftmals nicht recht, wie sie geschickt mit einem Kundeneinwand umgehen sollen.

Viele Verkäufer betrachten Einwände des Kunden als etwas Negatives. Einwände unterbrechen in ihren Augen den Gedankengang, stören den Gesprächsfluss, bringen die gesamte Verkaufsstrategie durcheinander. Aber Vorsicht vor dieser Einschätzung. Lieber lassen Sie sich rechtzeitig einmal stören, als zu riskieren, dass der Kunde später abspringt. Übergehen Sie deshalb Einwände auf keinen Fall. Das mögen Einwände nicht! Und Ihr Kunde erst recht nicht. Denn wer Einwände des Kunden, so scherzhaft und beiläufig diese manchmal ausgesprochen werden, nicht ernst nimmt, läuft Gefahr, am Kunden vorbeizureden und sein Verkaufsziel schließlich zu verfehlen.

Um Einwände richtig einzuschätzen, muss der Verkäufer außerdem wissen, dass ein Einwand nicht immer einen rein sachlichen Hintergrund hat, sondern oft aus dem Bauch heraus kommt. Hier spielt das Gefühl des Kunden eine große Rolle. Folglich werden Einwände häufig sehr subjektiv und emotional vorgetragen. Gerade deshalb fühlen sich viele Verkäufer durch Einwände in ihrem Kern getroffen und persönlich angegriffen, was wiederum zu einer Konfliktsituation mit dem Käufer führt. Um diesem „Teufelskreis" zu entkommen, sollten Sie Einwände als etwas völlig Normales ansehen – als etwas, mit dem Sie gut umgehen können, und das, wie gesagt, letztlich die Kaufentscheidung des Käufers fördert.

Einwände sind oft emotional

Keine Angst also vor Einwänden! Sie sind etwas völlig Natürliches im Verkaufsgespräch. Bedeuten sie doch nur, dass auf Kundenseite noch Fragen offen sind, dass der Kunde nur noch nicht zum Abschluss bereit ist. Begrüßen Sie es also, wenn der Kunde rechtzeitig seinen Einwand nennt und Ihnen die Chance gibt, dazu Stellung zu nehmen. Anderenfalls würden Sie erst bei der Abschlussfrage merken, dass aus dem Geschäft – aus unerklärlichen Gründen – nichts wird.

Bedenken Sie bitte eins:

Einwände sind keine Auseinandersetzung mit dem Kunden, sondern der gemeinsame Weg zu einem erfolgreichen Abschluss. Wenn der Kunde Sie mit Einwänden bombardiert, dann hat er Interesse am Kauf.

Einwände zeigen, dass sich der Kunde ernsthaft mit dem Produkt/der Dienstleistung auseinander setzt. Wenn Kunden kein Interesse haben, gibt es auch keine Einwände und keine Fragen. Jetzt entscheiden Sie: Was ist Ihnen lieber?

Scheineinwände   Übrigens ist nicht jeder Einwand wirklich einer. Sicher haben Sie es auch schon mit einem Scheineinwand zu tun gehabt. Dieser ist genau genommen ein Vorwand, weil der Kunde Ihnen – aus welchen Gründen auch immer – nicht sagen will, dass er überhaupt kein Interesse an Ihrem Produkt hat, oder sich heute noch nicht entscheiden kann oder will.

Einwänden wirkungsvoll begegnen

„Das ist mir zu teuer", „Ich wollte mich nur mal informieren", „Mein altes Produkt erfüllt den Zweck genauso", „Ich kaufe immer beim Wettbewerb", „Ich muss mir das noch überlegen" oder „Das Budget ist bereits erschöpft" …

Positiv reagieren   Es gibt unendlich viele Einwände. Reagieren Sie auf einen Einwand immer positiv, niemals abweisend. Widersprechen Sie dem Kunden nicht, versuchen Sie nicht, ihn von oben herab zu belehren oder gar – und das wäre die „Krönung" – als inkompetent und unwissend hinzustellen. („Ich glaube, Sie wissen gar nicht, was ein gutes Auto ist!") Nach einer solchen Entgleisung ist das Verkaufsgespräch nämlich garantiert zu Ende und ein neues wird es nicht mehr geben.

Eine verblüffend einfache Methode ist die der Umkehrung. **Umkehrung**
Wenn uns der Einwand des Kunden überrascht und wir im
ersten Moment keine sinnvolle Antwort parat haben, können
wir den Einwand des Kunden in ein Argument umwandeln.
Durch die Umkehrung finden wir einen neuen Anknüp-
fungspunkt im Gespräch.

Kunde: „Sie sind aber ganz schön teuer!"   **Ein Beispiel**
*Verkäufer: „Sehen Sie, das ist mit ein Grund, warum Sie bei uns
kaufen sollten."*
*Im Anschluss lassen Sie eine nachvollziehbare Begründung fol-
gen, um dem Kunden aufzuzeigen, welche Vorteile er in Ihrem
Geschäft genießt.*

**Beziehen Sie Kundeneinwände niemals auf Ihre Person,
sondern führen Sie sie immer auf eine Unsicherheit des
Kunden zurück.**

Der Kunde möchte beim Kauf keinen Fehler machen, alle
notwendigen Überlegungen anstellen und schließlich die
richtige Entscheidung treffen. Und genau in diesem Prozess
können Sie ihn unterstützen.

Hören Sie sich die Einwände des Kunden ruhig und gelassen   **Wichtig**
an und hinterfragen Sie die genannten Probleme. Erklären
Sie unklare Punkte nochmals und bemühen Sie sich weiterhin geduldig um den Kunden. Selbst wenn es mit dem Abschluss zum gegenwärtigen Zeitpunkt nicht klappt, weil der
Kunde z. B. wirklich gerade die finanziellen Mittel nicht aufbringen kann, werden Sie ihm positiv im Gedächtnis bleiben
und womöglich zu einem späteren Zeitpunkt zum Zuge
kommen.

Verständnis für Einwände zeigen Geben Sie Ihrem Kunden zunächst auf jeden Fall zu verstehen, dass Sie Verständnis haben für seine Einwände. Das ist der erste und zugleich schon der wichtigste Schritt einer effektiven Einwandbehandlung. Mit einer Aussage wie „Ich kann Ihre Bedenken verstehen" kommen Sie dem Kunden ein Stück entgegen und federn zunächst einmal die Unsicherheit und den Einwand an sich ab.

Der zweite Schritt kann sein, sich auf Erfahrungen anderer Kunden zu beziehen. Hat ein früherer Kunde einen ähnlichen Einwand geäußert, können Sie dies ihrem jetzigen Kunden mitteilen. Und dann folgt natürlich die Aussage über die Erfahrung des anderen Kunden: „Kunde X hat sich trotz anfänglicher Bedenken für unser Produkt entschieden und damit ein außergewöhnliches Ergebnis erzielt …"

Weitere Infos geben Natürlich versorgen Sie Ihren Kunden mit weiteren Informationen, und zwar in dem Umfang, wie er sie benötigt, um sich entscheidungsfähig zu fühlen. Wiederholen Sie gegebenenfalls Verkaufsargumente aus Ihrer Präsentation. Führen Sie Ihren Kunden dann weiter mit einer Aussage wie dieser: „Sie können sich auf dieses Produkt 100-prozentig verlassen", und seine Sicherheit und sein Vertrauen werden wachsen.

> Um Einwände sachlich korrekt und stichhaltig entkräften zu können, bereiten Sie am besten schon vor dem Kundengespräch entsprechende Unterlagen oder „Beweismittel" vor.

Legen Sie sich Reaktionen auf alle gängigen Einwände zurecht. Schließlich gibt es für typische Probleme oftmals ganz einfache Lösungen. Präsentieren Sie Ihrem Kunden diese Lösungen und geben Sie nach bestem Wissen und Gewissen umfassend Auskunft.

Versteckte Einwände aus dem Weg räumen

Ihr Ziel sollte es sogar sein, nicht ausgesprochene Einwände zu ermitteln. „Aber wer wird denn schlafende Hunde wecken wollen?", werden Sie mir entgegenhalten. „Ich bin doch froh, wenn ich einen Abschluss erreiche. Da werde ich den Kunden doch nicht mit der Nase auf alle möglichen Probleme stoßen." Nein, das nicht, aber wenn Sie merken, dass es etwas gibt, was Ihren Kunden noch zögern lässt, tun Sie gut daran, dieses Zögern durch eine gekonnte Frage und eine (er)-klärende Antwort aus der Welt zu schaffen.

Nicht ausgesprochene Einwände ermitteln

Bei einem versteckten Einwand müssen Sie im wahrsten Sinne des Wortes „Gedanken lesen können", denn der Kunde hat zwar einen Einwand, spricht diesen jedoch nicht aus. Mag es daran liegen, dass er gar nicht zu Wort kommt? Achten Sie auf die Körpersprache Ihres Gegenübers, und wenn dieser schon zum dritten Mal versucht, zu Wort zu kommen, lassen Sie ihn um Himmels willen auch einmal etwas sagen!

Auch wenn Sie bereits mit Ihrem Kunden Einwände durchgegangen sind und diese ausgeräumt haben, kann es immer noch sein, dass es weitere Einwände gibt. Wenn Sie das Gefühl haben, dass Ihren Kunden noch etwas beschäftigt, stellen Sie ruhig nochmals eine Frage: „Gibt es etwas, das Sie noch beschäftigt?", „Haben Sie noch Fragen?", „Gibt es Punkte, die Sie noch zögern lassen?" So können Sie den Kunden ermuntern, sich Ihnen anzuvertrauen, und haben die Gelegenheit, seine Bedenken zu zerstreuen.

Weitere Einwände

Nur ein vollständig überzeugter Kunde wird auch langfristig gute Geschäfte mit Ihnen tätigen. Hat der Kunde jedoch im Nachhinein das Gefühl, dass dieses Geschäft doch nicht so gut war (bei einem unbeachteten Zögern tritt das spätestens dann auf, wenn er aus der Tür geht), laufen Sie Gefahr, dass er den Auftrag storniert oder eben nur dieses eine Mal bei

Ihnen gekauft hat. Verstehen Sie es allerdings, auch den letzten Einwand gekonnt zu behandeln, geben Sie sich und Ihrem Kunden ein rundum gutes Gefühl, und einer langfristigen Geschäftsverbindung steht nichts mehr im Wege.

10 Tipps zur effektiven Einwandbehandlung

Zusammenfassung

1. Freuen Sie sich über Einwände, denn Einwände sind Kaufsignale!
2. Übergehen Sie Einwände auf keinen Fall!
3. Nehmen Sie Kundeneinwände niemals persönlich und bleiben Sie immer freundlich und gelassen!
4. Hören Sie aufmerksam und geduldig zu und fragen Sie ruhig auch noch näher nach!
5. Unterscheiden Sie Vorwände von Einwänden!
6. Kommen Sie auch versteckten Einwänden auf die Spur und räumen Sie sie aus!
7. Entkräften Sie Einwände, indem Sie von Erfahrungen anderer Kunden berichten!
8. Geben Sie fundierte zusätzliche Informationen!
9. Greifen Sie auf vorbereitete Unterlagen und Beweismittel zurück!
10. Nutzen Sie Einwände, um sich zu profilieren, Kaufargumente zu wiederholen und Überzeugungsarbeit zu leisten!

8. Preisverhandlung

Eines werden auch Sie schon beobachtet haben: Unsere Kunden werden immer preisbewusster. Sie haben heutzutage immer mehr Möglichkeiten, Preise zu vergleichen, zum einen dank der wachsenden Mobilität und zum anderen – und vor allem – durch das Internet. Immer häufiger werden von Kundenseite Preisnachlässe gefordert, die nicht realisierbar sind. Auch wenn wir dem Kundenwunsch nicht – oder nicht voll – entsprechen können, so muss es doch gelingen, dem Kunden ein gutes Gefühl zu geben.

Kunden sind preisbewusster

> Sie sollten daher für den Fall, dass der Kunde einen Preisnachlass anspricht/fordert, praktikable Strategien im Kopf haben, wie Sie damit umgehen.

Analysieren Sie im Hinblick auf die Preisverhandlung noch einmal die Marktposition Ihres Unternehmens:
- Was hebt Sie von anderen Anbietern ab?
- Welchen Vorteil hat der Kunde, wenn er bei Ihnen kauft?
- Welche Preise und Konditionen bietet die Konkurrenz an?

Diese Kenntnisse sind wichtig, weil sich daraus Ihre Verhandlungsposition ableitet. Sie sollten sicher wissen, ob ein Kunde das gewünschte Produkt wirklich – wie er nur allzu leicht behauptet – beim Wettbewerber günstiger bekommen würde.

Preis-Leistungs-Verhältnis

Preis in Leistungen verpacken

Wenn Verkäufer nach dem Preis gefragt werden, kommt als Antwort meist nur die Summe. Günstiger ist es, den Preis in Leistungen „einzupacken". Hierzu ein beispielhafter TV-Spot: Sie erhalten das XY-Auto mit Airbags für 23.900 Euro inkl. Klimaanlage.

Nutzen überdenken

Überlegen Sie an dieser Stelle noch einmal, welchen Nutzen der Kunde vom Kauf hat und wie viel ihm das wert sein dürfte. Ein Kunde kauft ein Produkt niemals, weil er unbedingt seinen Geldbeutel erleichtern möchte. Der Kunde verspricht sich von dem Kauf eine Verbesserung des Ist-Zustandes, einen Gewinn – in welcher Hinsicht auch immer. Warum interessiert sich ein Kunde z. B. für einen Anrufbeantworter? Er möchte keinen Anruf verpassen. Hierin liegt sein Nutzen.

Der Kunde kauft also einen persönlichen Nutzen und bezahlt dafür den Preis. Dabei muss ihm der Nutzen höher erscheinen als der Preis.

> **Ist der Preis höher als der angenommene Nutzen, wird das Produkt als zu teuer empfunden. Sie haben dann zwei Möglichkeiten: den Preis zu senken oder den persönlichen Nutzen zu erhöhen.**

Gestalten Sie Ihr Angebot auf jeden Fall so, dass das Preis-Leistungs-Verhältnis für den Kunden stimmt.

Stärke besser kommunizieren

„Mit reinem Felsquellwasser gebraut!" Mit diesem Slogan wirbt eine Brauerei für ihr Bier und erreicht damit eine Absatzsteigerung, obwohl bekannt ist, dass fast alle Brauereien in Deutschland reines Quellwasser verwenden. Diese Tatsache erklärt bereits, was hier gesagt werden soll:

Kunden entscheiden sich nicht für den Anbieter, der objektiv den größeren Nutzen bietet, sondern für den, dessen Nutzen als subjektiv größer wahrgenommen wird.

Das heißt: Sie müssen oftmals gar nicht besser sein als Ihr Mitbewerber, Sie müssen Ihre Stärke nur besser kommunizieren. Denn Qualität findet im Kundenkopf statt.

Was heißt das für Sie? Wenn es Ihnen in der Präsentation und bei der Einwandbehandlung gelungen ist, den Kunden von der hohen Qualität Ihres Produktes/Ihrer Dienstleistung und dem besonderen Nutzen für ihn zu überzeugen, werden Sie wesentlich weniger über den Preis verhandeln müssen!

Preise verteidigen

Ich möchte Ihnen nun gerne erläutern, warum es auch einen guten Grund dafür gibt, Preise zu „verteidigen".

Ein Kunde fordert einen Preisnachlass von 100 Euro beim Kauf   **Beispiel**
eines Fernsehgeräts. Was glauben Sie, denkt der Kunde, wenn Sie sofort sagen: „Ist o.k.!"? Seine Gedanken werden in folgende Richtung gehen: „Hätte ich nicht gefragt, hätte ich viel zu viel bezahlt!" Oder: „Bei denen sind die Preise so überteuert, dass es kein Problem zu sein scheint, im Preis herunterzugehen!" Oder noch schlimmer im Falle eines Stammkunden, der bisher nie nach einem Nachlass gefragt hat: „Sicher habe ich in der Vergangenheit immer zu viel bezahlt! Die haben mich ‚ausgenommen'. Da kaufe ich nicht mehr!"

Mit Preisnachlässen verlieren Sie unter Umständen an Glaubwürdigkeit. Auch wenn Sie bereit und in der Lage wären, einen größeren Preisnachlass zu geben, sollten Sie es dem Kunden nicht zu einfach machen, sondern Ihren Preis verteidigen. Geben Sie schon bei einem geringen Preisnachlass dem Kunden das Gefühl, dass er Sie „geknackt" hat, weil er ein wichtiger Kunde ist.

Preis = Wert Noch eine wichtige Überlegung: Über den Preis wird häufig auf den Wert des Produkts/der Dienstleistung geschlossen. Nach dem Motto: „Was nichts kostet, ist nichts wert!" Wenn Sie also im Preis zu nachgiebig sind, wird dies auch zu Rückschlüssen auf den Wert führen.

Alternativen schaffen

Wenn Sie etwas Teures verkaufen wollen, stellen Sie etwas noch Teureres dazu. Wenn Sie viel verkaufen wollen, stellen Sie noch mehr dazu. Warum? Natürlich sollten wir unseren Kunden die Entscheidung nicht durch zu viele Alternativen erschweren. Häufig fällt jedoch eine Entscheidung sogar leichter, wenn es konkrete Auswahlmöglichkeiten zu Menge, Ausführung, Ausstattung, Serviceumfang etc. gibt. Außerdem schätzen Kunden es, wählen zu können. Klar ist auch: Die Auswahlmöglichkeiten beeinflussen die Wahl. Überlegen Sie also gut, welche Auswahl Sie anbieten.

Drei Angebots- In der Praxis hat es sich bewährt, drei Angebotsvarianten an-
varianten zubieten. Dann kann der Kunde sich für die Variante entscheiden, die seinem Bedarf, seinen Preisvorstellungen und seinen finanziellen Möglichkeiten am besten entspricht. Dies ist überdies ein guter Weg, vom Feilschen über den Preis wegzukommen.

Zu teuer?! Wenn das Argument „zu teuer" kommt, fragen Sie den Kunden doch einfach, wie viel er bereit ist auszugeben. Stellen Sie ihm dann Alternativen vor, die zu dem von ihm genannten Preis passen, ohne diese Alternative als wesentlich schlechter zu beurteilen.

Es ist sehr wahrscheinlich, dass z. B. ein Handy für nur 150 Euro weniger Funktionen besitzt als ein Hightech-Wunder-Handy zum doppelten Preis. Ein Kommentar wie: „Na ja, das günstigere Handy ist technisch veraltet. Aber wenn Sie keinen besonderen Wert darauf legen, auf dem neuesten Stand zu sein, dann können Sie es schon nehmen", wird den Kunden nicht zum Kauf animieren. Kommunizieren Sie neutral und nicht wertend die Unterschiede; fragen Sie den Kunden, was sein neues Handy können soll. Wenn er damit nur telefonieren will, braucht er z. B. keine WAP-Funktion. Ob Ihr Kunde nun kauft oder nicht, Sie werden ihm durch die objektive Beratung in jedem Fall als ein Verkäufer im Gedächtnis bleiben, der sich wirklich um seine Kunden kümmert und nicht nur auf seinen Umsatz schielt.

Unterschiede neutral statt wertend darstellen

Zugeständnisse in anderer Form

Ist der Kunde von einem bestimmten Produkt schon überzeugt und möchte lediglich noch einen Preisnachlass, der aber für Sie nicht machbar ist, nutzen Sie kostenlose Zugaben; im obigen Beispiel könnte das eine Ladeschale zum Handy sein, beim Kauf von Schuhen ein Pflegemittel, im Tierfachmarkt ein Spielzeug für den Vierbeiner. Der Kunde hat dann das Gefühl, ein gutes Geschäft gemacht zu haben, bekommt er doch für den Kaufpreis „mehr" als das nackte Produkt. Auf diese Weise sorgen Sie für Kundenbindung, und mit hoher Wahrscheinlichkeit wird der Kunde künftig wieder bei Ihnen kaufen. Das kostenlose Extra kann auch eine zusätzliche Dienstleistung sein, wie z. B. eine Kleideränderung, Lieferung frei Haus usw. Und schon ist ein Produkt nicht mehr „zu teuer"!

Kostenlose Zugaben

Auch wenn ein Kunde offensichtlich sein Verhandlungs-
geschick unter Beweis stellen möchte und Spaß daran
hat, einen Vorteil „herauszuschlagen", machen Sie ihm
mit einem kleinen Extra eine Freude. Dann haben Sie
beide ein gutes Gefühl und das Geschäft kann zustande
kommen.

Weitere nützliche Verhandlungsstrategien

Tauschhandel Reduzieren Sie Preise möglichst nur dann, wenn Sie auch
den Angebotsumfang einschränken. Vermeiden Sie es, wenn
irgend möglich, ausschließlich über den Preis zu verhandeln.
Solange Sie noch mehr als einen Punkt auf dem Verhand-
lungstisch haben, können Sie Tauschgeschäfte machen: Zum
Beispiel akzeptiert der Kunde den Preis, und Sie bieten eine
Extra-Leistung im Gegenzug. Oder Sie gehen im Preis he-
runter und nehmen etwas aus dem Leistungsumfang heraus.
Wenn der Kunde versucht, die Verhandlung auf die Frage
des Preises einzuengen, bringen Sie andere Punkte wie Lie-
ferbedingungen, Serviceleistungen, Verpackung, Garantien
usw. mit in die Diskussion.

Was schlagen Haben Sie in einer Verhandlung schon einmal die Frage
Sie vor? „Was schlagen Sie vor?" verwendet? Nein? Dann sollten Sie
es unbedingt tun, und zwar am besten mit einem einschrän-
kenden Zusatz: „Was schlagen *Sie* denn – ganz realistisch betrachtet – vor?" Sie verblüffen damit Ihren Kunden und er
wird nach meiner Erfahrung im Normalfall keine überzoge-
nen Forderungen stellen.

Die Macht Immer wenn Sie einen Preis genannt haben und auf eine
des Schweigens Reaktion warten, dann lassen Sie Ihrem Gegenüber genü-
gend Zeit – warten Sie ab, tun Sie nichts, schweigen Sie. Lassen Sie sich umgekehrt nicht vom Schweigen Ihres Kunden

irritieren. Oft hat derjenige „verloren", der als Erster etwas sagt. Wenn Sie die „quälende" Stille aushalten, zeigen Sie damit Sicherheit und Souveränität.

Sie haben in Verhandlungen weitaus bessere Chancen, gute Vertragsbedingungen zu erzielen, wenn Sie nicht die letztendliche Entscheidungsbefugnis haben. Sie sollten sich daher immer darauf berufen, dass Sie sich erst mit einer „höheren Instanz" besprechen und von ihr eine Zustimmung einholen müssen, bevor Sie etwas zusagen. Selbst wenn Sie die Befugnis haben, alleine zu entscheiden, sollten Sie sich nicht so präsentieren, auch wenn dies vielleicht Ihrem Ego gut täte. Für Ihre Position in der Verhandlung wäre das nur von Nachteil.

Das Prinzip der höheren Instanz

Wenn Ihr Kunde mit Ihnen einen niedrigeren Preis aushandeln möchte, sagen Sie: „Das scheint mir vertretbar, ich muss diese Vereinbarung allerdings noch bei unserer Geschäftsleitung durchsetzen. Ich werde morgen mit der endgültigen Entscheidung wieder auf Sie zukommen." Am nächsten Tag bedauern Sie: „Ich war mir sicher, ich würde das O.K. erhalten, aber die Geschäftsleitung ist nicht bereit, auf diesen Preis einzugehen. Da werden wir eine andere Lösung finden müssen." Die höhere Instanz ist eine sehr effektive Verhandlungstaktik, die Ihnen Stärke verleiht. Sie können hart argumentieren, ohne auf direkten Konfrontationskurs zu gehen.

Die höhere Instanz funktioniert viel besser, wenn es eine vage Instanz ist, also ein Gremium, ein Ausschuss, der Vorstand, die Geschäftsleitung. Nennen Sie hingegen als höhere Instanz eine konkrete Einzelperson – Ihren Vorgesetzten, den Verkaufsleiter, den Geschäftsführer – wird der Kunde denken: Warum verhandle ich eigentlich nicht mit dem Entscheidungsträger? Und er wird womöglich zu Ihnen sagen: „Wenn derjenige der Einzige ist, der die Entscheidung treffen kann, dann holen Sie ihn doch bitte her." Deshalb ist es am besten, wenn Ihre höhere Instanz vage und unerreichbar ist.

Nicht um jeden Preis! Geben Sie dem Kunden zu verstehen, dass Sie zur Not auch die Verhandlung abbrechen, wenn Sie nicht das bekommen, was Sie wollen. Wenn Sie dieses wirkungsvolle Mittel einsetzen, macht Sie dies zu einem viel besseren Verhandler, weil Sie daraus sehr viel Stärke beziehen.

> **Machen Sie sich klar, dass der kritische Punkt in der Verhandlung dann kommt, wenn Sie denken: „Ich werde dieses Geschäft abschließen, komme, was da wolle." Seien Sie deshalb auf der Hut, dass Sie diesen Punkt nicht überschreiten. Es gibt keinen Abschluss, den Sie um jeden Preis machen müssen! Seien Sie darauf vorbereitet, gegebenenfalls wegzugehen.**

Guter Verhandler – böser Verhandler Machen Sie deutlich, dass Sie zwar sehr gerne verkaufen möchten, aber durchaus nicht zu jedem (Preis-)Zugeständnis bereit sind. Entscheiden Sie von Fall zu Fall, ob Sie so weit gehen wollen, ausdrücklich zu sagen, dass Sie den Verkauf auch scheitern lassen würden.

Das Mittel, mit dem Scheiternlassen der Verhandlung zu drohen, ist das mächtigste überhaupt. Und Sie sollten damit auch entsprechend vorsichtig umgehen. Um zu vermeiden, dass Sie sich damit selbst ins Aus setzen, bietet es sich an, bei einem wichtigen Geschäft zu zweit zu verhandeln. Dann kann einer von Ihnen die Rolle des harten Verhandlers übernehmen und an der richtigen Stelle mit Rückzug drohen, woraufhin der andere in der Rolle des gutmütigen Verhandlers einlenkt.

Denken Sie daran, dass das Ziel dieser Strategie darin besteht, das zu bekommen, was Sie wollen, und nicht, tatsächlich unverrichteter Dinge wegzugehen.

10 Tipps zur effektiven Preisverhandlung

1. Nennen Sie Preise immer in Verbindung mit Leistungen!   **Zusammenfassung**
2. Verteidigen Sie Ihre Preise, denn darüber bestimmt sich auch der Wert Ihres Produkts/Ihrer Dienstleistung!
3. Kommunizieren Sie auch in der Phase der Preisverhandlung immer wieder den Kundennutzen!
4. Bieten Sie mehrere Varianten zu unterschiedlichen Preisen!
5. Wenn der Kunde „zu teuer" signalisiert, finden Sie eine Lösung, die seinen Preisvorstellungen entspricht, ohne diese als minderwertig einzustufen!
6. Reduzieren Sie nicht einfach den Preis, sondern ändern Sie den Leistungsumfang!
7. Kommen Sie Ihrem Kunden mit kostenlosen Beigaben entgegen!
8. Geben Sie den Ball mit der Frage „Was schlagen Sie vor?" an Ihren Kunden zurück!
9. Berufen Sie sich auf eine „höhere Instanz" und erklären Sie, Ihnen seien dadurch bei der Preisfestsetzung die Hände gebunden!
10. Verkaufen Sie nicht um jeden Preis. Seien Sie auch einmal bereit, ein Geschäft platzen zu lassen!

9. Die Kaufbereitschaft herbeiführen

Gespräch zusammenfassen Jetzt haben Sie schon fast alle Hürden genommen – bleibt nur noch eine vor dem krönenden Abschluss: den definitiven Kaufwunsch, die endgültige Kaufbereitschaft herbeizuführen. Wie hat sich der Entscheidungsprozess beim Kunden entwickelt? Welchen Eindruck macht er? In welcher Stimmung ist er? Was denken Sie, welche Impulse es jetzt noch braucht? Beobachten Sie alle Signale, die vom Kunden kommen, besonders aufmerksam und schätzen Sie ein, ob schon der Zeitpunkt für den Abschluss gekommen ist.

Vom Wunsch zur Wirklichkeit

Bevor es zu einem erfolgreichen Verkaufsabschluss kommen kann, muss der Verkäufer den Käufer sozusagen vom Wunsch zur Wirklichkeit begleiten. Das erreichen Sie, wenn Sie noch einmal die wichtigsten Punkte des bisherigen Gesprächs zusammenfassen.

Statt plump zu fragen: „Wie machen wir jetzt weiter?" oder „Sind Sie zur Unterschrift bereit?", sagen Sie beispielsweise: „Sie haben sich für ein Modell der Spitzenklasse entschieden, haben Ihre Wunschfarbe und die Ausstattung gewählt; wir sind uns über den Preis einig geworden; Sie haben sich mit Ihrer Frau besprochen. Das zeigt mir, dass Sie in Ihrem Entscheidungsprozess weit vorangekommen und motiviert sind, den Kauf perfekt zu machen."

Verkäufer müssen stets bedenken: Kunden, die sich entschlossen haben, ein Produkt zu kaufen – also kurz vor dem Abschluss stehen – vertrauen nicht primär dem Produkt, sondern dem Verkäufer. Sie vertrauen darauf, dass sie effektiv beraten wurden und dass die passende Lösung gefunden worden ist.

Um den Kunden effektiv vom Wunsch zur Wirklichkeit zu führen, wenden viele erfolgreiche Verkäufer die so genannte SPIN-Methode an (siehe Rackham im Literaturverzeichnis). Dabei handelt es sich um ein ausgeklügeltes Fragensystem, mit dem man einen Kunden zum Abschluss führt. Untersuchungen haben nämlich ergeben, dass ein klarer Zusammenhang zwischen dem Einsatz von bestimmten Fragen und dem Verkaufserfolg besteht. Topprofis unterscheiden sich deutlich vom Durchschnittsverkäufer in der Anwendung von 4 Fragetypen:

SPIN-Methode

Situations-Fragen analysieren die Ist-Situation und den Hintergrund. Profis verwenden sie nicht allzu häufig, weil zu viele solcher Fragen den Kunden langweilen oder irritieren.

Situations-Fragen

Problem-Fragen eruieren Probleme, Schwierigkeiten und Bereiche, in denen der Kunde mit der bisherigen Lösung unzufrieden ist. Profis stellen gezielt mehrere solcher Fragen.

Problem-Fragen

Implikations-Fragen analysieren die Auswirkungen und Konsequenzen, die das Nicht-Lösen des Problems für den Kunden nach sich zieht. Diese wichtigen Fragen werden nur von den Besten der Besten optimal eingesetzt.

Implikations-Fragen

Nutzen-Fragen veranlassen den Kunden, dem Verkäufer zu sagen, wie wichtig und nützlich die Lösung seines Problems ist. Profis stellen im Durchschnitt zehnmal (!) mehr Nutzen-Fragen als Durchschnittsverkäufer.

Nutzen-Fragen

Diese Fragen sind nicht spezifisch für die Endphase des Verkaufsgesprächs, sondern können im gesamten Verkaufsprozess eingesetzt werden.

Das Gespräch zusammenfassen

Fassen Sie vor dem Abschluss das Gespräch nochmals zusammen. Bei umfangreicheren Gesprächen sollten Sie dies auch schon vorher zwischendurch immer mal wieder tun. Vergewissern Sie sich jeweils, dass der Kunde mit Ihnen konform geht. Wenn nicht, lassen Sie ihn seinen Widerspruch, seinen Einwand, formulieren. Sie können auch den Kunden mit einbinden und ihn fragen: „Wie würden Sie nach Ihrer jetzigen Einschätzung den Nutzen für Ihr Unternehmen beschreiben?" Das lenkt den Blick des Kunden auf den Wert des Produktes/der Dienstleistung.

Zwischenbestätigung einholen

Holen Sie bei Argumentationen – auch schon vorher – immer wieder Zwischenbestätigungen ein. Im englischen Sprachraum ist dies üblich durch das allseits bekannte „Isn't it?" Beispiel: „You are really interested, aren't you?" In der Schweiz gibt es das „Ooderr?" Im Deutschen können wir dasselbe ausdrücken durch „Nicht wahr?", „Das stimmt doch?", „Sie stimmen mit mir überein?" oder „Ist das okay so?" oder auch nur durch einen fragenden Blick. Am besten, Sie provozieren alle fünf bis sechs Sätze vom Kunden ein Kopfnicken oder ein ähnliches Signal der Zustimmung. Diese Methode wirkt positiv auf den Kunden, da er sich einbezogen fühlt; Ihnen hilft sie, weil Sie so stets wissen, wo der Kunde steht.

Offene Fragen klären

Um herauszufinden, ob der Kunde zum Handeln – das heißt zum Kaufen – bereit ist, werden Sie ihm nun Fragen stellen wie diese: „Was halten Sie von dem Produkt?", „Wie gefällt Ihnen dieser Vorschlag/diese Lösung?". Aus den Antworten ersehen Sie, wie es um die Kaufabsicht des Kunden bestellt ist. Stellen Sie zu diesem Zeitpunkt sicher, dass der Käufer den Kauf bis ins letzte Detail durchdacht hat.

Bevor irgendeine Abschlusstechnik zum Einsatz kommt, übernehmen Verkaufsprofis die Initiative und fragen ihren Kunden, ob noch irgendwelche entscheidungsrelevanten Punkte offen geblieben sind.

Als Verkäufer können Sie zusätzlich motivieren, indem Sie Ihrem Kunden in den schönsten Farben ausmalen, wie es sein wird, wenn er gekauft hat. Hier setzen Sie wiederum eine bildhafte, anschauliche Sprache ein, um die Fantasie des Kunden anzuregen und die Vorstellung für ihn so real wie möglich werden zu lassen. Bauen Sie in das Bild die Hauptmotive ein, die Sie in der Bedarfsanalyse ermittelt haben.

Resultat in schönsten Farben vorführen

Stellen Sie dann abschließend die Frage: „Sehen Sie das auch so?", „Entspricht das Ihren Wünschen?" oder „Sind so Ihre Vorgaben erfüllt?". Auf diese geschlossenen Fragen muss der Kunde mit Ja oder Nein antworten. Folgt ein Nein, hat er noch Fragen, die Sie als Verkäufer klären müssen, bevor es zur Abschlussfrage kommt. Folgt darauf ein Ja, dann können Sie sicher sein, dass es zum jetzigen Zeitpunkt keine weiteren Fragen gibt, dass ihr Kunde alles aufgenommen und verstanden hat und damit auch zum Abschluss – der jetzt logischerweise folgen wird – bereit ist.

Die Entscheidungsfreude stärken

Bereit zum Abschluss? Ist Ihr Kunde bereit zum Abschluss? Diese Frage stellen Sie sich am besten selbst. Fassen Sie im Geiste die wichtigsten Kaufmotive zusammen und überlegen Sie, ob sie ausreichen, um Ihren Kunden zum Handeln zu bewegen. Denn nur, wenn er letztendlich bereit dazu ist, haben Sie die Chance, einen erfolgreichen Abschluss herbeizuführen.

Kennen Sie das auch? Sie haben alle Register gezogen, wissen, dass Ihr Kunde genau dieses Produkt braucht, haben ein gutes Gefühl, und dann kommt die Aussage: „Ich will es mir noch einmal überlegen." Wenn Sie jetzt resignieren und sagen: „O.k., dann sprechen wir bei unserem nächsten Termin wieder darüber!", haben Sie verloren – und Ihr Kunde mit Ihnen. Denn Sie wollten ihn ja vom Wunsch zur Wirklichkeit begleiten, ihn darin unterstützen herauszufinden, was gut für ihn ist und was er wirklich braucht, und seine Entscheidungsfreude wie seine Entscheidungssicherheit fördern. Und der Kunde wollte eigentlich sein Problem lösen.

Zweifel wachsen Kauft der Kunde nicht sofort, werden die Zweifel, die er in sich trägt, nicht verfliegen, sondern weiter wachsen. Das zeigt eine Vielzahl von Untersuchungen zum Entscheidungsverhalten. Je länger wir über eine Entscheidung nachdenken, um so schwerer tun wir uns mit ihr. Deshalb ist es wichtig, sofort eine Entscheidung herbeizuführen.

Um dies zu erreichen, können Sie sinngemäß so reagieren: „Sie sagen mir, Sie wollen sich das Ganze noch einmal überlegen. – Was immer Sie tun, ist Ihre Entscheidung. Aus meiner 15-jährigen Erfahrung weiß ich: Wenn Sie sich heute für dieses Produkt entscheiden, werden Sie sich anschließend zu Ihrem Entschluss gratulieren. Und wenn Sie Ihre Entscheidung vertagen, werden Sie unglücklich sein, weil ja Ihr

Problem noch immer nicht gelöst ist. Die Frage ist: Was wollen Sie? Die Situation in der Schwebe lassen oder Nägel mit Köpfen machen?"

10 Tipps zum effektiven Herbeiführen der Kaufbereitschaft

1. Fragen Sie den Kunden, ob es von seiner Seite noch offene Fragen gibt!
2. Fassen Sie die bisherigen Gesprächspunkte zusammen!
3. Beziehen Sie sich auch jetzt wieder auf die speziellen Kaufmotive!
4. Holen Sie sich eine Bestätigung, dass Sie mit Ihrem Angebot richtig liegen!
5. Fragen Sie nach, ob alle Vorgaben erfüllt sind!
6. Beobachten Sie genau, welche Signale der Kunde aussendet!
7. Malen Sie dem Kunden aus, wie glücklich er über den Kauf sein wird!
8. Bestärken Sie den Kunden in seiner Entscheidungsfreude!
9. Setzen Sie so genannte Implikationsfragen ein, die den Kunden erkennen lassen, was ein Nicht-Kauf für ihn bedeuten kann!
10. Ihr Ziel ist es, den Kunden bis zur Lösung seines Problems zu begleiten!

Zusammenfassung

10. Abschluss

Traumkunden Es gibt ihn: den Kunden, der weiß, was er will, und der, wenn er das Geschäft betritt, auf einen Artikel zugeht und sagt: „Genau dieses Produkt will ich jetzt bei Ihnen kaufen, packen Sie es bitte für mich ein!" Über einem solchen „Traum"-Verkaufsabschluss werden Sie sich natürlich freuen. Noch mehr wird Ihnen aber ein Abschluss mit einem „Ich-will-mich-nur-mal-umsehen-Kunden" bedeuten. Wenn Sie diese Herausforderung gemeistert haben, wird das Ihr Selbstbewusstsein stärken, und Sie werden motiviert weitere verkäuferische Herausforderungen annehmen.

Der normale Verkaufsalltag spielt sich zwischen diesen beiden Extremen ab. Auf dem Weg zum Abschluss wird es für Sie immer wieder Überraschungen geben. Kein Verkaufsgespräch gleicht dem anderen. Deshalb sollte es auch keine eingefahrene Routine geben. Sie werden ständig dazulernen und Ihr Know-how erweitern. Entscheidend jedoch ist, mit wie viel Flexibilität und Kreativität Sie zu Werke gehen. Wenn Sie über alle Phasen hinweg den Kundennutzen im Auge behalten haben, ist der Abschluss eine logische Folge.

Die Angst des Verkäufers vor dem Abschluss

Ängste Die größte Angst, von der Menschen im Berufsleben geplagt werden, ist die vor dem Verlust des Arbeitsplatzes, gefolgt von der Angst, Fehler zu machen und bei einer Aufgabe zu versagen. Entsprechend angstbesetzt ist bei vielen Verkäufern die Abschlussfrage. Ein Ja bedeutet Freude, die Bestätigung, ein erfolgreicher Verkäufer zu sein, das ist klar. Aber was passiert, wenn der Kunde Nein sagt? Meine Antwort: nichts Besonderes! Dann hat es eben nicht sollen sein. Ein neuer Kunde, eine neue Chance.

In keinem anderen Beruf liegen Erfolg und Misserfolg so nahe beieinander wie in dem des Verkäufers. Die Male, wo es nicht zu einem Abschluss kommt, gehören ebenfalls zum Alltag des Verkäufers. Erhöhen Sie die Zahl der Misserfolge, dann wird sich auch die Zahl Ihrer Erfolge erhöhen.

Messen Sie also dem Abschluss nicht länger die 100-prozentige Bedeutung zu. Ein Abschluss ist ein Abschluss ist ein Abschluss – und so entscheidend dieser Schritt in einem Verkaufsgespräch auch ist, Ihre Beziehung zum Kunden ist entscheidender. Wenn der Kunde dieses Mal nicht bei Ihnen kauft, konnten Sie ihn zumindest gut beraten, und es kann ein nächstes Mal geben.

Wer wegen der Angst vor einem Nein das Verkaufsgespräch unnötig in die Länge zieht und nicht auf den Punkt kommt, braucht sich nicht zu wundern, wenn der Kunde nicht bereit ist, das alles entscheidende Wort – nämlich Ja – zu sagen. Schließlich muss er auch die Gelegenheit zu dem Ja bekommen.

Verkaufsgespräche nicht in die Länge ziehen

Bedenken Sie auch, dass selbst ein Ja nicht immer ein definitives Ja bedeuten muss. Der Kunde kann im Moment des Abschlusses Ja sagen – vielleicht um Ihre Gefühle nicht zu verletzen – und Nein meinen. So kann er auf dem Weg zur Kasse abspringen oder den Auftrag am nächsten Tag stornieren.

Lassen Sie sich nicht von kleinen Fehlschlägen unterkriegen, sondern nutzen Sie jede Absage eines Kunden, um zu analysieren, woran es gelegen haben kann. Sie wissen ja aus den vorangegangenen Kapiteln, dass nicht allein die Abschlusstechnik über den Erfolg entscheidet.

10 Tipps für einen erfolgreichen Abschluss

1.
Ihre Einstellung macht den Unterschied

Von Ihrer Ausstrahlung her macht es einen riesigen Unterschied, wie Sie selbst Ihre Erfolgschancen einschätzen. Gehen Sie einfach immer davon aus, dass der Kunde kaufen wird! Wenn Sie das annehmen, ist es gar nicht nötig, den Kunden zu bedrängen.

2.
Der Traumabschluss

Der Traumabschluss ist wirklich ein absoluter Traum. Der Kunde ruft bei Ihnen an und sagt: „Ich will eine Versicherung bei Ihnen abschließen, machen Sie den Vertrag fertig, und ich komme morgen vorbei und unterschreibe!" Welch ein Geschenk des Himmels, wenn Sie zu einem solchen Abschluss nichts beitragen mussten! (Oder haben Sie vielleicht schon Ihren Beitrag geleistet, indem Sie diesen Kunden zu einem früheren Zeitpunkt gut beraten haben?) Wenn Ihnen so etwas passiert, wäre es absolut falsch, neue Abschlusstechniken auszuprobieren, den Kunden durch das Präsentieren weiterer Versicherungskombinationen zu verunsichern und ihn am Ende gar noch zu verlieren. Wenn sich der Kunde für ein Produkt oder eine Leistung entschieden hat, greifen Sie nach den Sternen – und dem Auftragsblock –, und freuen Sie sich einfach.

3.
Konkret werden

Wichtig ist, dass Sie ganz konkret werden. Solange Sie nicht genau sagen, was Sie vom Kunden erwarten, können Sie nicht erwarten, dass er das tut, was Sie anstreben. Ich wage einmal folgende Behauptung: Die meisten Aufträge kommen deswegen nicht zustande, weil der Verkäufer nicht nach dem Auftrag gefragt hat. Legen Sie z. B. das Auftragsformular mit einem Kreuzchen in der Unterschriftszeile dem Kunden mit den Worten vor: „Wenn Sie dann noch bitte zum Zeichen Ihres Einverständnisses unterschreiben!" Sagen Sie bitte niemals: „Und dann müssen Sie hier noch unterschreiben!" – der Kunde muss gar nichts.

Sie haben einen unentschlossenen Kunden. Testen Sie doch folgende Strategie: Sagen Sie dem Kunden klipp und klar, dass Sie seinen Auftrag schätzen würden, und fragen Sie, was Sie tun müssen, um ihn als Kunden zu gewinnen! Das heißt nicht, dass Sie dem Kunden vorjammern, dass der Monat schlecht lief, die Kinder ständig höhere Ansprüche stellen und Sie nicht wissen, wie Sie das alles finanzieren sollen! Nein! Auf die Mitleidsschiene sollten Sie niemals abdriften! Vermitteln Sie dem Kunden lediglich, dass er wichtig für Sie ist, z. B. weil er aufgrund seines Fachwissens und seiner Sachlichkeit ein besonders angenehmer Geschäftspartner ist. Der Kunde weiß nun, dass er hoch angesehen ist, und wird wahrscheinlich den Abschluss bei Ihnen tätigen und nicht beim Wettbewerb.

4.
Die Kunden sich wichtig fühlen lassen

Wenn Sie es mit einem Paar zu tun haben, bilden Sie mit einer Person ein Team! Verbünden Sie sich mit dem „Mitkäufer".

5.
Teamplay

Folgendes Beispiel verdeutlicht das Vorgehen:
Ein Vater kommt mit seiner Tochter in ein Autogeschäft. Zur bestandenen Führerscheinprüfung möchte der Vater ihr ein Auto schenken. Von einem Modell sind die beiden angetan, der Vater zweifelt aber noch wegen des Preises, der höher liegt als geplant. Richten Sie das Wort an die Tochter: „Sie können sich wirklich glücklich schätzen, dass Ihr Vater Ihnen so ein tolles Auto kauft. Das hätte ich mir mit 18 auch von meinen Vater gewünscht." Der Vater, geehrt und mit vor Stolz geschwellter Brust, wird sich nicht „lumpen" lassen und den Abschluss tätigen.

> Unterschätzen Sie nie den Einfluss der Begleitperson. Lassen Sie diese nie links liegen! Beziehen Sie sie immer ins Verkaufsgespräch mit ein. Wenn Sie sie überzeugen können, wird sie Ihnen beim Kauf „Schützenhilfe" leisten.

6.
Die Kunden sich untereinander beraten lassen

Wenn Ihre Kunden zu zweit oder mehreren sind, kann es eine gute Methode sein, sie kurz vor dem Abschluss ein paar Minuten allein zu lassen. Egal, wie gut sie sich untereinander kennen, können sie doch nicht gegenseitig Gedanken lesen und sich nicht sicher sein, ob der andere genauso denkt. Wenn sie kurz allein sind, können sie das untereinander abklären und schließlich eine definitive Kaufzusage machen. Gerade bei größeren Entscheidungen ist diese Möglichkeit der Absprache untereinander für die Kundenseite von Bedeutung. Sie beugen damit der Bitte des Kunden vor, noch einmal Bedenkzeit haben zu wollen. Übrigens müssen Sie nicht offen sagen: „Ich möchte Ihnen jetzt etwas Zeit zum Überdenken geben." Finden Sie irgendeinen Grund, weshalb Sie das Büro für ein paar Minuten verlassen, zum Beispiel um einen Kaffee oder Notizpapier zu holen.

7.
Zu Zusatzkäufen animieren

Wecken Sie ganz behutsam das Bedürfnis des Kunden, mehr zu kaufen. Das kann mit einer Augenbewegung geschehen.

Ein Beispiel macht das deutlich:
Eine Kundin probiert in einer Boutique ein Abendkleid an, es passt gut und gefällt ihr. Blicken Sie als ihr Verkäufer beiläufig zu Ihrem Schuhsortiment. Ihr Blick wandert also von der Kundin zu Ihrem Schuhsortiment. Die Kundin wird Ihrem Blick folgen, die Schuhe bemerken und überlegen, dass sie bald ein wunderschönes Abendkleid besitzt, aber keine passenden Schuhe dazu hat. Sie wird nun geeignete Schuhe aus Ihrem Angebot anprobieren. Und Sie haben die Gelegenheit, außer dem Abendkleid noch ein paar Schuhe zu verkaufen.

Motivieren Sie Ihre Kundin zum Kauf, indem Sie die Schuhe schon als ihr Eigentum ansehen: „Diese Schuhe passen wirklich zu Ihrem Abendkleid, als seien Sie speziell dafür gemacht." Spielen Sie eine Situation mit dem Kleid und den Schuhen durch: „Mit dieser Kombination werden Sie beim nächsten festlichen Ereignis der glänzende Mittelpunkt sein." Geht die Kundin nicht auf den Zusatzkauf ein, stoppen Sie die Aktion Schuhverkauf und bedienen Sie die Kundin weiterhin freundlich und aufmerksam. Immerhin haben Sie ein Abendkleid verkauft!

Auf dem Weg zum Abschluss brauchen Sie Geduld und Beharrlichkeit. Zweifeln Sie nicht daran, dass der Kunde seine Meinung auch ändern kann; nur weil er vor einer Minute, einer Stunde oder gestern Nein gesagt hat, heißt das nicht, dass er wieder Nein sagen wird, wenn Sie ihn das nächste Mal fragen.

**8.
Nicht jedes Nein
ist endgültig**

Wenn Sie es so einschätzen, dass es einfach noch ein wenig Zeit braucht, bis der Kunde so weit ist, dehnen Sie Ihr Gespräch aus, indem Sie ein anderes Thema ansprechen, ein Getränk anbieten (oder um eines bitten, wenn Sie beim Kunden sind) oder sich sonst etwas einfallen lassen.

Je mehr Zeit der andere in das Gespräch mit Ihnen investiert hat, desto mehr steigen Ihre Chancen auf einen Abschluss.

Machen Sie keinen Druck. Um die Anspannung zu lösen, erzählen Sie zwischendurch eine kleine Geschichte, um von der Entscheidung abzulenken und die Atmosphäre aufzulockern. Kommen Sie dann noch mal auf Ihre Frage zurück. Nehmen Sie ein Nein nicht als endgültige Ablehnung, sondern als ein Zeichen, dass Sie dem Käufer noch ein wenig Zeit geben müssen, um seine Meinung zu ändern. Lassen Sie ihm die nötige Zeit und erschlagen Sie ihn nicht mit zu viel und andauerndem Reden.

9.
Verständnis zeigen

Wenn es dem Kunden schwer fällt, eine Entscheidung zu treffen, zeigen Sie hierfür Verständnis. Sagen Sie: „Ich kann verstehen, dass Ihnen im Moment die Entscheidung schwer fällt." Machen Sie darauf aufmerksam, dass Sie der Experte sind und gerne bei der Entscheidungsfindung behilflich sind. Dazu sind Sie schließlich da. Bieten Sie regelrecht an, dem Kunden die Entscheidung abzunehmen.

10.
Ein „Bonbon"
zum Schluss

Wenn Sie Ihre Präsentation machen, erzählen Sie nicht gleich alles, was es zu dem Produkt oder der Dienstleistung zu sagen gibt. Sparen Sie sich etwas auf, was Sie kurz vor dem Abschluss noch hinzufügen können – etwas, das dem Kunden die Kaufentscheidung leichter macht, weil er es als großen Vorzug erkennt; etwas, das ihn einmal mehr für das Produkt oder die Dienstleistung einnimmt.

Sie werden es immer wieder erleben, dass es eine nicht zu unterschätzende Hürde ist, am Ende tatsächlich die Unterschrift des Kunden zu bekommen. Das liegt oft weder am Preis noch an den anderen Bedingungen, die Sie ausgehandelt haben, sondern an einem einfachen psychologischen Moment auf Seiten des Kunden. Er braucht einen letztendlichen Impuls für seine Unterschrift und einen sichtbaren Beweis dafür, erfolgreich verhandelt zu haben. Ein sehr effektives Mittel, ihm dies zu geben, ist ein kleines Zugeständnis im letzten Moment. Nicht der Umfang des Zugeständnisses ist entscheidend für seine Wirksamkeit, sondern der Zeitpunkt, zu dem es gemacht wird.

Hier einige Anregungen, welche kleinen Zugeständnisse denkbar sind:

- Eine kostenlose Einweisung
- Ein kostenloses Handbuch
- Eine Preisgarantie für 3 Monate für den Fall einer Zusatzbestellung
- Eine verlängerte Garantiezeit
- Ein längeres Zahlungsziel
- Eine geringere Anzahlung bei Auftragserteilung

Finden Sie Ihre Lieblingsstrategien! Dann klappt´s auch mit dem Abschluss!

Der vorläufige und der endgültige Abschluss

Hängt die Kundenentscheidung noch von irgendetwas ab, das nicht unmittelbar geklärt werden kann, streben Sie einen vorläufigen Abschluss an, der alle Vereinbarungen festhält und den Kunden zu einer gewissen Verbindlichkeit seiner Zusage bringt. Definieren und begrenzen Sie die Voraussetzung, die erfüllt sein muss, damit das Zustandekommen des Abschlusses endgültig ist. Damit gehen Sie auf den Kunden ein und kommen Ihrem Ziel dennoch ein gutes Stück näher.

Voraussetzung für den Abschluss eingrenzen

Wenn Sie einen endgültigen Abschluss erzielt haben, halten Sie diesen möglichst gleich in allen Punkten und mit allen Absprachen schriftlich fest und lassen Sie ihn unterschreiben. So haben Sie alles unter Dach und Fach und beugen Missverständnissen und späterem Ärger wirksam vor.

10 Tipps zum effektiven Abschluss

Zusammenfassung

1. Glauben Sie an einen erfolgreichen Abschluss, denn diese Zuversicht strahlen Sie aus!
2. Führen Sie den Kunden ganz selbstverständlich zum Abschluss!
3. Freuen Sie sich über einen schnell entschlossenen Kunden!
4. Geben Sie sich nicht gleich beim ersten Nein geschlagen!
5. Sagen Sie dem Kunden, dass er Ihnen wichtig ist!
6. Hadern Sie nicht wegen eines Nicht-Kaufs. Ein neuer Kunde, eine neue Chance, ein neues Glück!
7. Wenn Ihre Kunden zu zweit oder mehreren sind, beziehen Sie alle gleichermaßen mit ein und geben Sie ihnen auch die Gelegenheit, sich untereinander ungestört zu beraten!
8. Wecken Sie das Bedürfnis nach Zusatzkäufen!
9. Schaffen Sie mit einem kleinen Zugeständnis zum Schluss den Impuls zum endgültigen Abschluss!
10. Fixieren Sie die Vereinbarung in allen Punkten schriftlich!

11. Verabschiedung

Wenn der Kauf abgeschlossen ist, folgt typischerweise die Phase der Entscheidungsrechtfertigung. Der Käufer beginnt seine Kaufentscheidung vor sich selbst und/oder vor anderen zu rechtfertigen. In seinem Kopf taucht die Frage auf, ob die Entscheidung nun richtig oder falsch war. Je nachdem, wie er sich diese Frage beantwortet, setzt nun Entscheidungsfreude oder Entscheidungsreue – Kauffreude oder Kaufreue – ein. Deshalb gilt es jetzt, das positive Gefühl, das zu der Kaufentscheidung geführt hat, auch im Nachhinein nochmals zu verstärken.

Dem Kunden gratulieren

Gehen wir davon aus, dass Sie den Abschluss in der Tasche haben. Dann bestätigen Sie Ihren Kunden bei der Verabschiedung nochmals in seiner Entscheidung, zum Beispiel mit dem Satz: „Sie werden sehen, dass Ihre Entscheidung genau die richtige war. Ihre Mitarbeiter werden begeistert sein!"

Kunden in Entscheidung bestätigen

Wir alle kennen die „Gratulation" nach Kaufentscheidungen, die bezwecken soll, dass der Kunde nach dem Kauf sagen kann: „Das war eine gute Entscheidung!"

Vielleicht beim nächsten Mal

Wenn es dieses Mal nicht zum Abschluss gekommen ist, beenden Sie das Gespräch freundlich und knüpfen Sie zu einem späteren Zeitpunkt mit einem kurzen Schreiben oder dem Versand von entsprechendem Infomaterial daran an. Sie kennen Ihren Gesprächspartner jetzt schon und haben damit beim nächsten Termin günstigere Voraussetzungen.

Nichts Unhaltbares versprechen Wenn Sie Ihrem Gegenüber allerdings mit Ihren Produkten/Dienstleistungen wirklich keinen Nutzen bieten können, dann geben Sie dies auch offen zu. Es macht ganz und gar keinen Sinn, unhaltbare Versprechungen zu geben.

„Danke" ist ein wunderbares Wort

Es gibt ein Wort mit 5 Buchstaben, das wahre Wunder bewirken kann, mehr als manche teuren Kundengeschenke: das Wort „Danke"! Es kostet so wenig und bringt so viel.

Wertschätzender Umgang Wie oft sprechen wir Erwartungen aus, legen Ziele fest, geben Anweisungen und erheben Forderungen – und das alles ohne die Wörter „Bitte" oder „Danke". Dabei ist es doch so viel erfreulicher, wenn wir achtsam und wertschätzend miteinander umgehen und gegenseitiges Verständnis aufbringen. Was ganz allgemein für den Umgang miteinander gilt, gilt umso mehr für die Beziehung zum Kunden.

Die künftige Zusammenarbeit

Operation gelungen, Patient tot – dieser Spruch hat auch im Verkauf seine Berechtigung. Da erreichen manche einen tollen Abschluss, haben ihr kurzfristiges Ziel also erreicht, schaffen es jedoch nicht, eine langfristige Geschäftsbeziehung aufzubauen.

Machen Sie es besser: Nutzen Sie bei einem erfolgreichen Geschäft die Verabschiedung gleich, um auf eine langfristig erfolgreiche Zusammenarbeit hinzuwirken. Einen neuen Kunden zu gewinnen ist bekanntlich mit wesentlich mehr Aufwand verbunden, als einen bestehenden gut zu betreuen.

Sprechen Sie ausdrücklich von einer zukünftigen, für beide Seiten sicher erfolgreichen Geschäftsbeziehung und kündigen Sie an, dass Sie Ihren Kunden über aktuelle Angebote auf dem Laufenden halten werden. Hierzu gleich ein Tipp: Je spezifischer Sie diese Angebote auswählen, desto besser werden sie ankommen. Überschütten Sie Ihren Kunden nicht mit Informationen, die ihn gar nicht betreffen! **Aktuelle Angebote**

Festigen Sie das positive Klima, das Sie aufgebaut haben. Jetzt sind Sie noch im persönlichen Gespräch, jetzt haben Sie noch Blickkontakt. Jetzt ist es leicht möglich, Sympathie und Vertrauen zu verstärken. Lassen Sie das Gespräch ruhig mit ein bisschen Smalltalk, der wiederum eine angenehme Atmosphäre schafft, ausklingen. Umso leichter tun Sie sich natürlich mit allen folgenden Geschäftsaktivitäten. Ihr Kunde verbindet dann mit Ihrer Person, Ihrem Unternehmen und schließlich mit Ihrem Produkt/Ihrer Dienstleistung etwas Positives. Ein Kunde, der zufrieden oder sogar begeistert ist, wird auch anderen davon erzählen und Sie womöglich sogar ausdrücklich weiterempfehlen. Was kann es Schöneres geben? **Smalltalk zum Schluss**

10 Tipps zur effektiven Verabschiedung

1. Versichern Sie dem Kunden, dass er die richtige Entscheidung getroffen hat!
2. Gratulieren Sie dem Kunden!
3. Danken Sie Ihrem Kunden für seinen Kauf!
4. Nutzen Sie die Verabschiedung, um bei Ihrem Kunden in angenehmer Erinnerung zu bleiben!
5. Verabschieden Sie auch einen Kunden, der nicht gekauft hat, freundlich und zuvorkommend!
6. Motivieren Sie Ihren Kunden zu einer weiteren Zusammenarbeit!
7. Kündigen Sie dem Kunden an, dass Sie ihn über aktuelle Angebote auf dem Laufenden halten werden!
8. Lächeln Sie Ihren Kunden an!
9. Führen Sie einen Smalltalk zum Ausklang des Gesprächs!
10. Bitten Sie den Kunden ruhig auch um Weiterempfehlung!

12. Nachbereitung

Wenn wir die Prozesshaftigkeit des Verkaufsvorgangs ernst nehmen, werden wir auch der Nachbereitung und dem *After-Sales-Service* einen angemessenen Platz einräumen. Auch wenn der Verkäufer hier nicht direkt beteiligt ist, spielt er doch als Koordinator eine wichtige Rolle. Er muss dafür Sorge tragen, dass alles, was er angepriesen und zugesagt hat, auch mit Leben erfüllt wird.

Ob Verkaufsinnendienst, Reklamationsabteilung oder Montage- und Servicetrupp, alle müssen an einem Strang ziehen und eine gemeinsame Philosophie vertreten: dem Kunden mit ganzem Herzen zu Diensten zu stehen. Ein Verkäufer kann noch so gut sein, wenn das „Back-Office" nicht ebenso gut ist, wird er schnell feststellen, auf welch verlorenem Posten er steht.

Mühsam wird er jeden Tag neue Kunden an Land ziehen müssen, nur weil bestehende nicht optimal betreut worden sind und deshalb zur Konkurrenz abwandern.

Nach dem Kauf ist vor dem Kauf

Der Begriff *After-Sales-Service* ist irreführend. Von der wörtlichen Bedeutung her hieße das, dass es zuerst den Kauf gibt und dann die Situation danach. Genau dies ist aber nicht länger gültig, weil ja ein beständiger Geschäftskontakt angestrebt wird und nicht ein isolierter Verkaufsvorgang. Im erfolgreichen Verkauf der Zukunft geht es also vielmehr dau-

After-Sales-Service

erhaft um die Gestaltung der langfristigen Kundenbeziehung. Jeder Abschluss beinhaltet in sich schon die Chance auf weitere Geschäfte, vorausgesetzt natürlich, der Kunde ist mit Ihrem Produkt/Ihrer Dienstleistung zufrieden oder besser noch begeistert. Dann wird er beim nächsten Bedarf auch gerne wieder mit Ihrem Unternehmen zusammenarbeiten.

Folgt dem Abschluss ein weiteres Angebot über zusätzliche Produkte oder Dienstleistungen, bietet es sich an, dass Sie dies persönlich überbringen, um die persönliche Beziehung noch enger werden zu lassen.

Teamwork

Für die Nachbereitung und für den Service braucht der Verkäufer andere Menschen im Unternehmen. Es liegt also an ihm, ein effektives Teamworking aufzubauen. Sie als Verkäufer mobilisieren und organisieren die verfügbaren Ressourcen in Ihrem Hause für den Dienst am Kunden. Die Geschäftsbeziehung, die der Verkäufer angebahnt und aufgebaut hat, muss durch die Mitarbeiter, die das Produkt liefern, und das Serviceteam, das die Betreuung vor Ort übernimmt, entsprechend weitergeführt werden. Es sollte für alle Beteiligten selbstverständlich sein, die Kundenwünsche zu erfüllen. Sinnvoll ist auch eine Rückmeldung an den Verkäufer, gerade dann, wenn es noch irgendwelche besonderen Vorkommnisse gibt.

Analyse der Kundenzufriedenheit

Regelmäßige Kontakte

Wichtig für eine effektive Nachbereitung aller Verkaufsaktivitäten ist eine Analyse, ob Ihr Kunde mit dem Verkauf und dann später mit dem Produkt zufrieden war und ist oder ob irgendwo Fragen und Probleme aufgetreten sind. Dies lässt sich abfragen durch regelmäßige Telefonate, Briefe, Faxe oder Mails. Der erste Punkt dabei ist immer, dem Kunden für seinen Kauf zu danken. Dann folgt die Aussage, wie wichtig Ihnen seine Zufriedenheit ist, die Frage nach seinen Erfahrungen mit dem Produkt und auch nach etwaigen Schwierigkeiten. Damit signalisieren Sie dem Kunden aufrichtiges Interesse und zeigen ihm, dass er nicht vergessen wird.

König Kunde

Prägen Sie sich – gerade bei einem größeren Abschluss – das Gesicht des Kunden und seinen Namen gut ein, so dass es Ihnen nicht passiert, dass Sie ihn womöglich nicht einmal wiedererkennen, wenn er das nächste Mal Ihr Geschäft betritt. Sonst gewinnt der Kunde den Eindruck, dass er nur so lange König war, bis er den Abschluss getätigt hatte.

Gesichter merken

Der Kunde möchte als Partner, als persönlicher Freund gesehen werden. Geben Sie ihm dieses Gefühl. Sammeln Sie so viele Daten und Eigenheiten des Kunden wie nur möglich. Es können nie zu viele Informationen sein, vorausgesetzt, der Datenschutz wird beachtet. Nehmen wir noch einmal das Beispiel aus der Boutique. Überraschen Sie Ihre Kundin, indem Sie sich an ihre Konfektionsgröße, ihren Lieblingsschnitt (Marlenehosen), ihre Lieblingsfarben (Pastelltöne), ihre Lieblingsmarke etc. erinnern. Wenn Sie diese Angaben in einer Kartei vermerkt haben, genügt ein kurzer Blick, um die Informationen wieder abzurufen. Es kommt auch gut an, wenn Sie sich an die früheren Käufe Ihrer Kundin erinnern können: „Dieser neue Kaschmirpulli passt vorzüglich zu Ihrer schwarzen Marlenehose, die Sie letzte Saison gekauft haben." Die Kundin wird sich geschmeichelt fühlen, dass Sie sich an so viele Details erinnern können. Sie sieht sich als VIP-Kundin, und das fördert ihre Bereitschaft, bei Ihnen weitere Käufe zu tätigen.

Informationen sammeln

Dokumentation

Für Stellvertreter vorsorgen Wie wichtig schriftliche Unterlagen sind, merkt man oft erst, wenn es schon zu spät ist. Da erkrankt z. B. ein Außendienstmitarbeiter und der entsprechende Innendienstmitarbeiter soll in dieser Zeit den Kundenstamm betreuen. Existiert nun eine Kundendatei mit den wichtigsten Stichworten über alle Vereinbarungen und Besonderheiten, kann der Stellvertreter nicht nur die Geschäfte vernünftig weiterführen, sondern die Kunden sogar durch seine Kenntnisse verblüffen und so von dem Unternehmen begeistern.

Neue Aktionen einleiten

Wann ist der richtige Zeitpunkt, um neue Aktionen einzuleiten? Diese Frage beschäftigt jeden Verkäufer immer wieder. Wie viel Zeit lasse ich nach einem Verkauf vergehen, bis ich an meinen Kunden mit einem neuen Angebot herantrete? Und noch viel schwieriger: Wie lange warte ich ab, wenn es zu keinem Abschluss gekommen ist, bis ich einen neuerlichen Anlauf nehme?

Hier eine universelle Lösung anzubieten zu wollen, wäre sicherlich vermessen. Viele Faktoren spielen eine Rolle. Eines aber steht fest:

Nur durch neue Aktionen und Aktivitäten führen erfolgreiche Erstkontakte auch zu langfristigen Geschäftspartnerschaften und Erstkontakte ohne Abschluss zu neuen Ansatzpunkten für eine mögliche Zusammenarbeit.

Kontakte pflegen und nutzen

Jeder Kunde kennt potenzielle neue Kunden und kann auch Kontakte zu Interessenten herstellen. Scheuen Sie sich nicht, Ihren Kunden danach zu fragen und um eine Weiterempfehlung zu bitten. Betonen Sie dabei, dass er eine Empfehlung natürlich nur dann aussprechen soll, wenn er davon überzeugt ist, dem anderen damit einen guten Dienst zu erweisen.

Um Weiterempfehlungen bitten

Nutzen Sie auch die Chancen des Networking. Wer dabei immer gleich an neue Kunden und Umsatz denkt, liegt völlig falsch. Wer auf einer Party nur jemanden anspricht, weil er meint, dass der- oder diejenige als potenzieller Kunde wichtig sein könnte, und dies auch gleich unmissverständlich zu verstehen gibt, versteht den Sinn von Networking nicht im Geringsten und darf sich nicht wundern, wenn er bald nicht mehr zu wichtigen Veranstaltungen eingeladen wird.

Networking

Networking bedeutet vielmehr, ohne unmittelbare Absicht ein Beziehungsgeflecht aufzubauen und es erst einmal wachsen und gedeihen zu lassen. Wer als Verkäufer alle möglichen Menschen gleich damit nervt, an Informationen und wichtige Persönlichkeiten herankommen zu wollen, fällt bestimmt auf die Nase. Da ist es doch viel klüger, sich erst einmal vorsichtig und mit viel Fingerspitzengefühl heranzutasten.

Machen wir uns nichts vor: Kontakte, Beziehungen und „Vitamin B" gehören inzwischen zu den wesentlichen Erfolgsbausteinen in nahezu jeder Branche. Viele Verkäufer glauben jedoch immer noch, dass es darauf ankommt, wie viele Adressen sie in ihrer Datei haben. Dabei ist es doch entscheidender, in wie vielen Dateien von anderen Menschen der Verkäufer auftaucht. Denn dann hat er sich bereits einen Namen gemacht, dann ist er positioniert und dann ist er in ein Netzwerk integriert. Dann werden immer wieder von

Kontakte sind unentbehrlich

sich aus interessante und interessierte Menschen auf ihn zukommen, und es werden Geschäfte und Beziehungen daraus entstehen – zum Wohle und Nutzen der Beteiligten und des gesamten Netzwerkes.

Übrigens – wenn Sie bei einer wichtigen Veranstaltung eingeladen sind, hier ein paar Tipps in Sachen Networking:

Networking-Tipps

- Machen Sie sich vor der Veranstaltung schlau, wer alles eingeladen ist.
- Erscheinen Sie frühzeitig und bleiben Sie zu Beginn in der Nähe des Eingangs, damit Sie verfolgen können, wer alles tatsächlich erscheint und eventuell mit wem.
- Stimmen Sie sich positiv auf den Abend ein und erscheinen Sie gut gelaunt.
- Konzentrieren Sie sich nicht nur auf das kalte Buffet und die gereichten Getränke. Nichts ist ungeschickter, als mit einem voll beladenen Teller und einem Glas in der Hand Kontaktpflege betreiben zu wollen.
- Merken Sie sich so viele wichtige Menschen mit Namen und Gesichtern wie möglich. Dann können Sie beim nächsten Treffen diejenigen mit Namen ansprechen.
- Stellen Sie Fragen (keine indiskreten!) und hören Sie lieber mehr zu, statt zu viel von sich zu erzählen.
- Halten Sie sich nicht nur an Bekannte, sondern verbringen Sie zwei Drittel der Zeit mit unbekannten Menschen.
- Denken Sie an eine ausreichende Menge Visitenkarten (Sie sollten diese zwar nicht jedem – ob er sie nun will oder nicht – in die Hand drücken, doch wäre es schade, wenn Sie zu wenige dabei hätten).
- Beim Entgegennehmen von Visitenkarten stecken Sie diese nicht unbesehen ein, sondern betrachten Sie sie aufmerksam und würdigend. Wenn das Gespräch zu Ende ist, machen Sie sich gleich wichtige Notizen auf der Rückseite.

10 Tipps zur effektiven Nachbereitung

Zusammenfassung

1. Nehmen Sie die Betreuung des Kunden nach dem Kauf wichtig. Nach dem Kauf ist vor dem Kauf!

2. Betrachten Sie den Abschluss als den Beginn einer lang anhaltenden Geschäftsbeziehung. Stammkunden sind Gold wert!

3. Schwören Sie alle Abteilungen, die mit Ihrem Kunden zu tun haben, auf absolute Kundenorientierung ein!

4. Mobilisieren und koordinieren Sie das ganze Team!

5. Fragen Sie Ihren Kunden einige Zeit nach dem Kauf, ob er mit dem Produkt zufrieden ist!

6. Informieren Sie Ihren Kunden regelmäßig über relevante neue Angebote!

7. Prägen Sie sich Ihre Kunden gut ein, damit Sie sie wiedererkennen und mit Namen ansprechen können!

8. Notieren Sie wichtige Kundeninformationen in einer Kundenkartei!

9. Seien Sie großzügig mit Visitenkarten von sich und bitten Sie um Weiterempfehlung!

10. Nutzen Sie die Chancen des Networking!

Schlusswort:
Die Herzen erobern

Jetzt habe ich Ihnen so viele Anregungen gegeben, dass Ihnen vielleicht der Kopf raucht. Lassen Sie getrost das beiseite, was für Sie nicht zutrifft und nicht passt. Seien Sie aber dennoch aufgeschlossen für Neues, greifen Sie sich die Dinge heraus, die Sie nützlich finden, und sammeln Sie damit Ihre eigenen Erfahrungen. Verändern Sie Ihre Vorgehensweise erneut, wenn Ihnen das sinnvoll erscheint.

> Kein Verkaufsgespräch ist bis ins Letzte planbar, Sie werden in vielen Situationen ganz spontan und aus Ihrer Intuition heraus handeln. Je mehr Wissen Sie im Hinterkopf haben, desto leichter wird es Ihnen fallen, auch mit Überraschungen locker umzugehen.

Unterschiedliche Kundenbedürfnisse — Je nach Wesensart wird Ihr Kunde eine ganz andere Behandlung brauchen und es sehr schätzen, wenn Sie sich auf ihn einstellen. Was für den einen unnötige Zeitverschwendung ist, ist für den anderen ein willkommenes Schwätzchen. Was für den einen viel zu viele technische Details sind, ist für den anderen eine unentbehrliche Einführung in die Materie. Was für den einen ein angenehmes Aufeinanderzugehen ist, ist für den anderen plump vertraulich und unangenehm nah. Von Ihrer treffsicheren Einschätzung hängt es ab, ob Sie dem Kunden in der ihm entsprechenden Weise begegnen und damit Zugang zu ihm finden.

Natürlich sollten Sie immer Ihrem eigenen Naturell treu bleiben. Dennoch gilt es, die eigene Bandbreite voll auszuschöpfen und innerhalb des durch Ihre Persönlichkeit vorgegebenen Rahmens zu variieren. „Behandle den anderen so, wie du gerne behandelt werden möchtest" ist ein kluger Spruch. Wirklich weise ist folgende Abwandlung:

Behandle den anderen so, wie er behandelt werden möchte!

Ich wünsche Ihnen, dass Sie alle Herausforderungen und Prüfungen, die der Verkaufsalltag für Sie bereithält, mit Bravour meistern und große Triumphe feiern. Dass Sie als strahlender Held das Herz der Prinzessin erobern. Und die Herzen Ihrer Kunden!

Der Autor

Literatur- und Quellenhinweise

Asgodom, Sabine/Scherer, Hermann: *Jetzt komm' ich!* Landsberg: mvg, 2001

Carnegie, Dale: *Besser miteinander reden.* München: Scherz-Verlag, 1996

Carnegie, Dale: *Sorge Dich nicht – lebe!* München: Scherz-Verlag, 2000

Carnegie, Dale: *Wie man Freunde gewinnt.* München: Scherz-Verlag, 2002

Dawson, Roger: *Guide to Business Negotiating.* City of Industry, CA 91748, USA (Video)

Dawson, Roger: *Guide to Everyday Negotiating.* City of Industry, CA 91748, USA (Video)

Dawson, Roger: *Negotiating for Salespeople.* City of Industry, CA 91748, USA (Video)

Dawson, Roger: *Secrets of Power Negotiating.* City of Industry, CA 91748, USA (Video)

Dawson, Roger: *Secrets of Power Negotiating for Salespeople.* Career Press, Franklin Lakes, NJ, USA, 1999

Kinskofer, Lieselotte / Zander, Willi: *Alpha Rhetorik.* München: Tr Verlagsunion, 2000

Peters, Stefanie: *„Die Wissensfabrik".* In: Bizz 7, 19.09.2001

Rackham, Neil: *SPIN Selling.* McGraw-Hill Trade, USA, 1998

Scherer, Hermann: *„Auftreten wie beim Rendezvous."* In: Focus 29/01, 16.07.01, S. 174. München: Focus Magazin Verlag, 2001

Scherer, Hermann: *„Erfolg im Vertrieb mit Future skills."* In: Sales Business 06/01, S. 83. Wiesbaden: Gabler Verlag, 2001

Scherer, Hermann / Thienel, Sabine: *„Ich bin einfach gut."* In: Focus Money 32/01, 02.08.01, S. 122 – 125. München: Focus Magazin Verlag, 2001

Scherer, Hermann: *Jeder Tag ist Schlussverkauf.* Offenbach: GABAL Verlag, 2001

Scherer, Hermann: *Sie bekommen nicht, was Sie verdienen, sondern was Sie verhandeln.* Offenbach: GABAL Verlag, 2002

Scherer, Hermann/Thienel, Sabine/Vieser, Susanne: *„So sichern Sie Ihre Karriere."* In: Focus Money 35/01, 23.08.01, S. 118 – 123. München: Focus Magazin Verlag, 2001

Scherer, Hermann (Hrsg.): *Von den Besten profitieren.* Offenbach: GABAL Verlag, 2001

Scherer, Hermann (Hrsg.): *Von den Besten profitieren II.* Offenbach: GABAL Verlag, 2002

Whiting, Percy H.: *Die 5 Hauptregeln im Verkauf.* New York: Dale Carnegie & Associates, Inc. 1978

Stichwortverzeichnis

Über den Autor

Hermann Scherer studierte in Koblenz Betriebswirtschaft mit den Schwerpunkten Marketing und Verkaufsförderung. Direkt nach dem Studium baute er mehrere Unternehmen auf, die sich schon nach kürzester Zeit unter den Top 100 des deutschen Handels platzierten.

Parallel dazu wurde er internationaler Berater, Trainer, Trainerausbilder und Manager of Instruction der weltweit größten Trainings- und Beratungsorganisation aus den USA. Er ist Gründer von „Unternehmen Erfolg®", einem Beratungsunternehmen für Marktführer und solche, die es werden wollen.

Seine Zusammenarbeit mit internationalen Topunternehmen und Institutionen haben ihm den Ruf des konsequent praxisorientierten Business-Experten eingebracht.

Der erfolgreiche Unternehmer zählt zu den führenden Rednern bei Kunden- und Mitarbeiterveranstaltungen, Kickoffs, Kongressen und Events.

Hermann Scherer veranstaltete das Zukunftsforum mit dem 42. Präsidenten der USA, Bill Clinton, und er ist Autor bzw. Herausgeber von über 10 Büchern. Große Beachtung fanden seine im GABAL Verlag erschienenen Bücher „Von den Besten profitieren", Band I und II.

Unternehmen Erfolg®
Scherer Consulting Group
Hermann Scherer
Ismaninger Str. 47
85356 Freising
Tel.: 0 81 61/99 19 0
Fax: 0 81 61/99 19 19

Homepage:
www.unternehmen-erfolg.de
E-Mail: H.Scherer@ unternehmen-erfolg.de

Gesellschaft zur Förderung
Anwendungsorientierter
Betriebswirtschaft und
Aktiver
Lehrmethoden in Hochschule und Praxis e.V.

www.gabal.de

Wer wir sind ...
1976 gründeten Praktiker aus Wirtschaft und Hochschule die gemeinnützige GABAL e.V.

Unsere Mitglieder vereint das Interesse und die Arbeit an ihrem persönlichen Wachstum, am Lernen ihrer Organisationen und an gesellschaftlichen Veränderungen.

Ziele der GABAL
- Wir bieten **Orientierung** bei der Bewältigung des sich beschleunigenden Wandels in Gesellschaft, Unternehmen, Beruf und Familie.
- Wir vermitteln **Methoden und Werkzeuge**, um mit den Veränderungen kompetent Schritt halten zu können und dabei unternehmerische und persönliche Erfolge zu erzielen.
- Wir stellen ein **Netzwerk** kompetenter Gesprächspartner und Experten zur Verfügung.
- Wir informieren über den aktuellen Stand **anwendungsorientierter Betriebswirtschaft**, fortschrittlichen Managements und menschen- und wertorientierten Führungsverhaltens.
- Wir zeigen Wege für **lebenslanges Lernen** durch innovative Fort- und Weiterbildungsmethoden auf.
- Wir gewähren jungen Menschen in Schule, Hochschule, in Ausbildungsverhältnissen und beruflichen Startpositionen **Lebenserfolgshilfen**.
- Wir fördern den **Wissens- und Erfahrungsaustausch** zwischen Jung und Alt.

Was wir Ihnen bieten ...
- Kontakte zu Unternehmen, Multiplikatoren und Kollegen
- Aktive Mitarbeit in Projekten, Arbeitskreisen und Regionalgruppen
- Kooperationen mit Hochschulen, Weiterbildungsorganisationen und dem GABAL-Verlag
- Kostenloses Abonnement der Zeitschrift Wirtschaft & Weiterbildung sowie der Mitgliederzeitschrift Impulse
- Jährlicher Buchgutschein, Wert 40 €, und Sonderkonditionen auf alle Medien des GABAL-Verlages
- uvm.

------------------------ ✂ (oder kopieren) ---------------------------

Infocheck

Ja, ich will GABAL näher kennen lernen und erwarte Infomaterial!

GABAL e.V.   per Telefax:
Bundesgeschäftsstelle   06132.509 599
Budenheimer Weg 67   per e-Mail:
55262 Heidesheim   info@gabal.de

Name   Vorname

Straße   PLZ/Ort

Telefon/Telefax   e-Mail